高等职业教育机电类专业系列教材

机械产品三维建模图册

主　编　邓劲莲
副主编　沈国强
参　编　善盈盈　蔡　杰　朱周斌

机械工业出版社

本书是高职高专院校机械三维建模、成图技术以及 CAD/CAM 等相关工程软件练习、实训项目的图册。

全书共 3 章，分为基础项目、专项训练项目及综合项目。图册通过丰富的图例为读者提供了一个良好的技能训练平台。

本书的最大特点是内容丰富，实用性强；项目图形难度适中，由易及难、层层递进，书中图例均适用于各类工程软件。

本书可作为不同阶段 CAD/CAM 学习人员的练习、训练的图册，能满足各类各层次人员进行三维建模以及高级出图训练的需求。

本书配有电子课件，凡使用本书作为教材的教师可登录机械工业出版社教材服务网 www.cmpedu.com 注册后下载。咨询邮箱：cmpgaozhi@ sina.com。咨询电话：010-88379375。

图书在版编目（CIP）数据

机械产品三维建模图册/邓劲莲主编. —北京：机械工业出版社，2014.2
（2025.8 重印）
高等职业教育机电类专业系列教材
ISBN 978-7-111-45271-3

Ⅰ.①机… Ⅱ.①邓… Ⅲ.①机械设计-计算机辅助设计-应用软件-高等职业教育-教材　Ⅳ.①TH122

中国版本图书馆 CIP 数据核字（2013）第 310872 号

机械工业出版社（北京市百万庄大街22号　邮政编码100037）
策划编辑：薛　礼　责任编辑：薛　礼　版式设计：霍永明
责任校对：卢惠英　封面设计：赵颖喆　责任印制：常天培
河北虎彩印刷有限公司印刷
2025 年 8 月第 1 版第 7 次印刷
184mm×260mm·10.75 印张·274 千字
标准书号：ISBN 978-7-111-45271-3
定价：34.00 元

电话服务
客服电话：010-88361066
　　　　　010-88379833
　　　　　010-68326294
封底无防伪标均为盗版

网络服务
机 工 官 网：www.cmpbook.com
机 工 官 博：weibo.com/cmp1952
金 书 网：www.golden-book.com
机工教育服务网：www.cmpedu.com

前　　言

三维数字化技术已经成为当今制造业发展的必要技术。能运用各类工程软件完成计算机二维、三维图形的绘制，已经成为各类工程设计人员必备的专业技能。在对机械产品进行开发、设计与制造过程中，利用 CAD 工程软件进行各种二维图形绘制以及三维模型构建、三维模型转二维出图等技能已经成为数字化设计与制造的重要手段。

本图册作为机械产品三维建模与成图技术的训练图册，根据国际图学学会、中国图学学会三维数字建模师工业工程类大纲的要求，各类机械零部件图样能满足学生以及各类工程技术人员的训练、考证需求；本图册中的图样是从事 CAD 教学及全国 CAD 技能等级培训考证工作多年的人员将多年的教学积累收集整理而成，在提高读者的读图、识图能力，了解和掌握常用的、典型的机械部件工作原理、结构等方面具有较大的促进作用。同时，本图册的图样能较好满足学生和工程技术人员运用各类工程软件进行三维建模与出图的练习要求。

全书共 3 章，分为基础项目、专项训练项目及综合项目。第一章包括各类典型的常用机械部件，可提升与巩固学生读图、识图能力；第二章为专项训练项目，包括草绘专项训练、常用机械零件三维建模专项训练，可满足工程软件三维建模各类训练的需求；第三章为常用和典型的机械部件建模与装配训练项目，部分为历年三维数字建模师考证的考题，能充分满足学生和各类工程技术人员考证训练的需要。

浙江机电职业技术学院邓劲莲教授担任本书主编，并编写了图册第 1 章、第 2 章以及第 3 章的 3.11 节；杭州凯优科技有限公司总经理、中国工程图学学会理事沈国强副教授担任本书副主编，并编写了第 3 章的 3.1 节、3.2 节、3.4 节、3.6 节和 3.7 节；浙江机电职业技术学院善盈盈编写了 3.3 节、3.5 节、3.8 节；蔡杰编写了 3.9 节、3.10 节；朱周斌编写了 3.12 节。

本书最大的特点是图例丰富详实，由易及难，具有典型性和代表性，能满足读者二维绘图、三维建模、装配以及出图的需要，切实提高工程软件的实际应用能力。本图册中的图样适用于 CAD/CAM 领域各层次相关软件。

由于作者水平有限，书中难免存在不妥之处，敬请广大读者批评指正！

编　者

目　　录

第1章 基 础 项 目

本部分属于机械产品三维建模基础部分，包括各类典型的常用机械零件。

【项目训练目标】

1）能准确地读图、识图。

2）能准确识读零件的结构形状。

3）能正确进行三维建模。

4）能运用工程软件进行高级出图。

【项目训练要求】

1）准确地完成三维建模（符合机械产品三维建模国家标准）。

2）完成模型的剖切与渲染。

3）完成零件的高级出图（视图、剖视图、断面图和局部放大图）。

4）要求视图符合出图国标（图幅、比例、字体、图线、图样表达、尺寸标注）。

· 2 ·

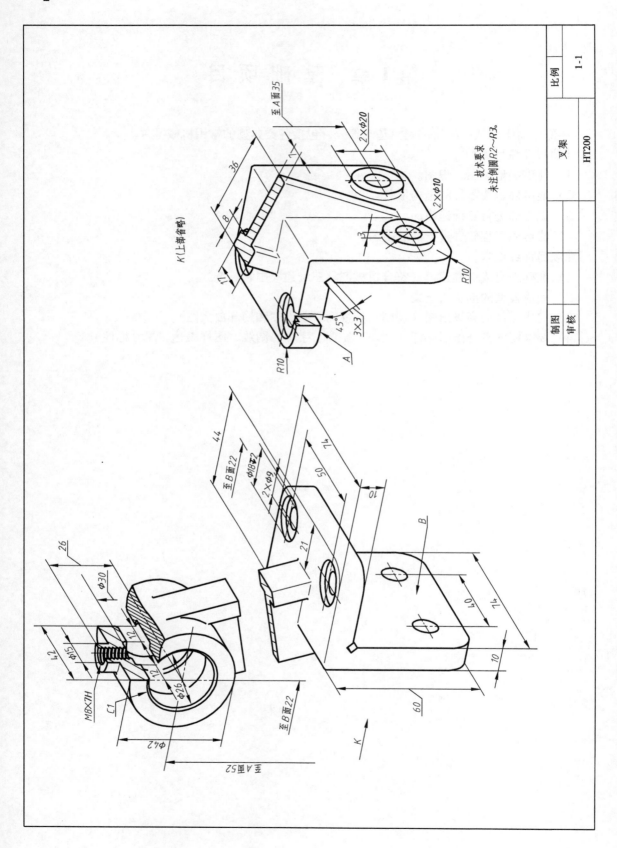

至A面35

2×Φ20

2×Φ10

技术要求
未注倒圆R2~R3。

K（上部省略）

36

8

3

R10

17

R10

4.5°

3×3

A

比例 1-1

叉架

HT200

制图

审核

44

至B面22

Φ18▼2

2×Φ9

74

50

10

21

B

26

Φ30

12

Φ15

42

12

M8×7H

Φ26

C1

Φ42

至A面52

至B面22

K

40

74

10

60

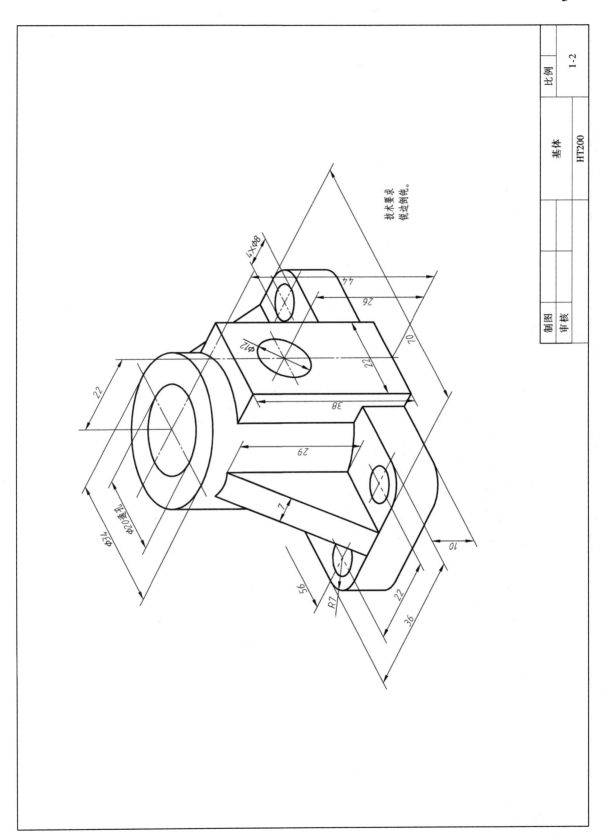

技术要求
锐边倒钝。

制图				比例	
审核			基体	1-2	
			HT200		

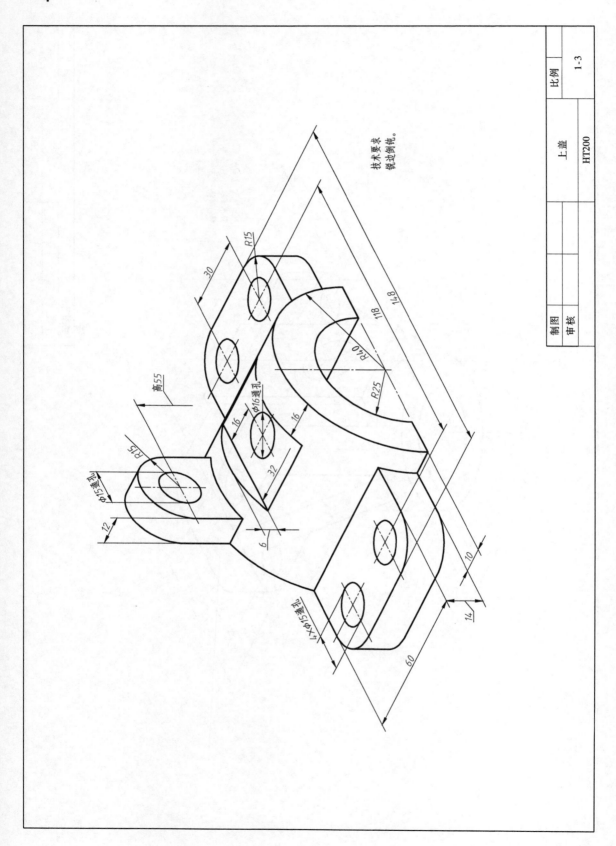

技术要求
锐边倒钝。

R15

30

R15

φ15通孔

12

高55

16

φ16通孔

32

16

6

118

148

R40

R25

10

14

60

4×φ15通孔

			制图			比例	
			审核				1-3
				上盖			
				HT200			

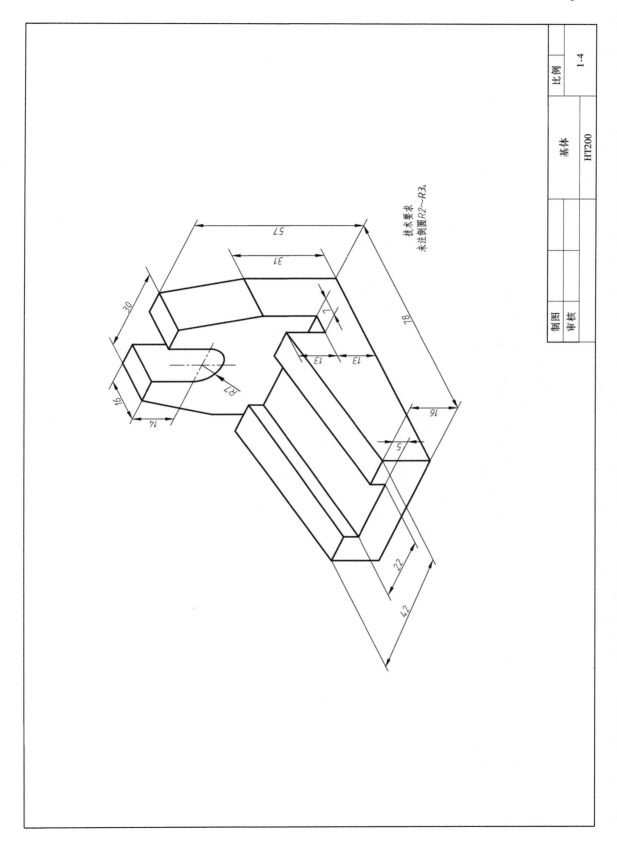

技术要求
未注倒圆圆R2~R3。

制图		比例	
审核		基体	1-4
		HT200	

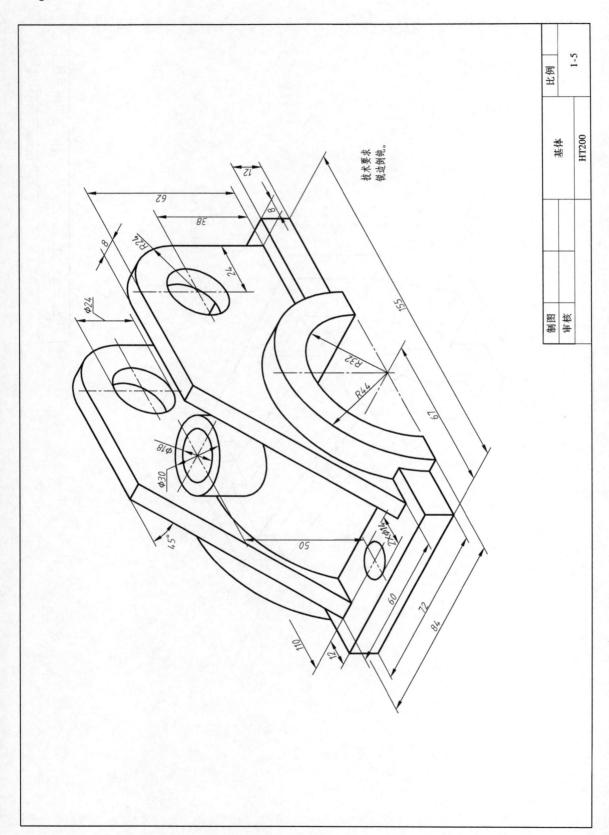

技术要求
锐边倒钝。

| 制图 | | | | 基体 | 比例 |
| 审核 | | | | HT200 | 1-5 |

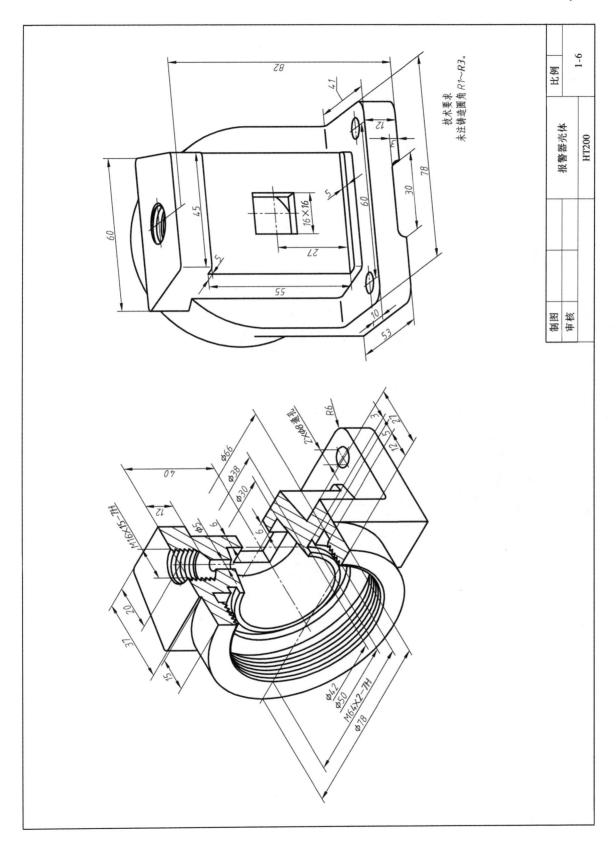

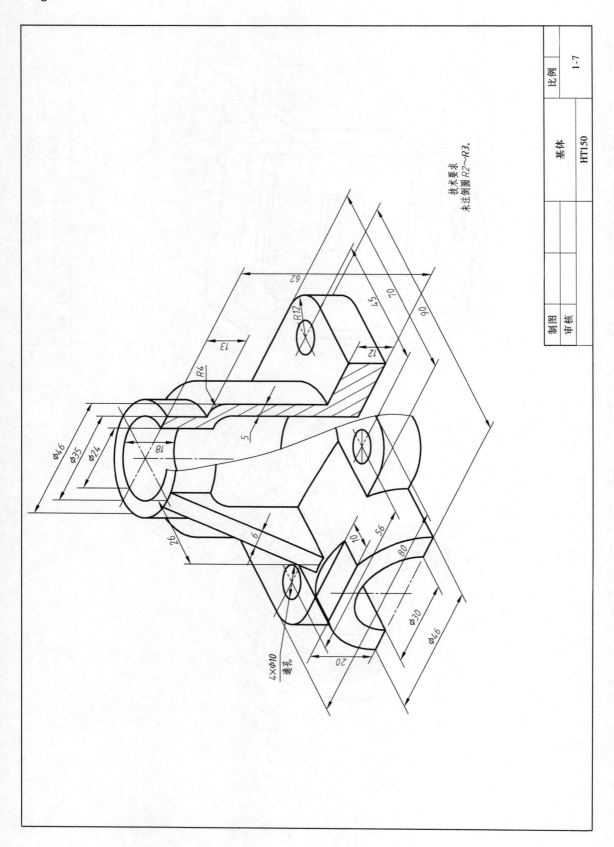

技术要求
未注倒圆圆角 R2~R3。

制图			比例	1-7
审核				
		基体		
		HT150		

$\phi 46$ $\phi 35$ $\phi 24$ 18

R4 R12

62 45 70 12 90

13 5

26 6

$4\times\phi10$ 通孔

10 56 80 20 $\phi30$ $\phi46$

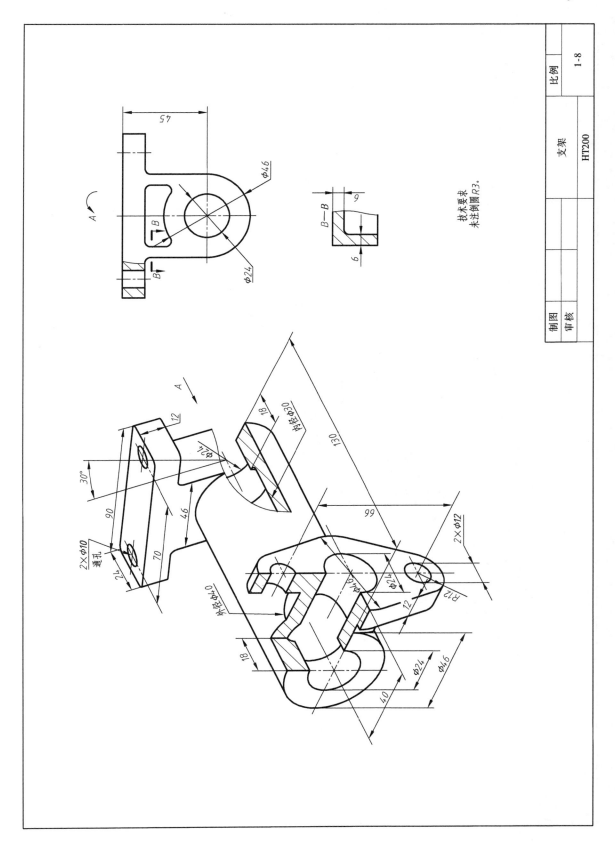

技术要求
未注倒圆 R3.

支架

HT200

制图
审核

比例 | 1-8

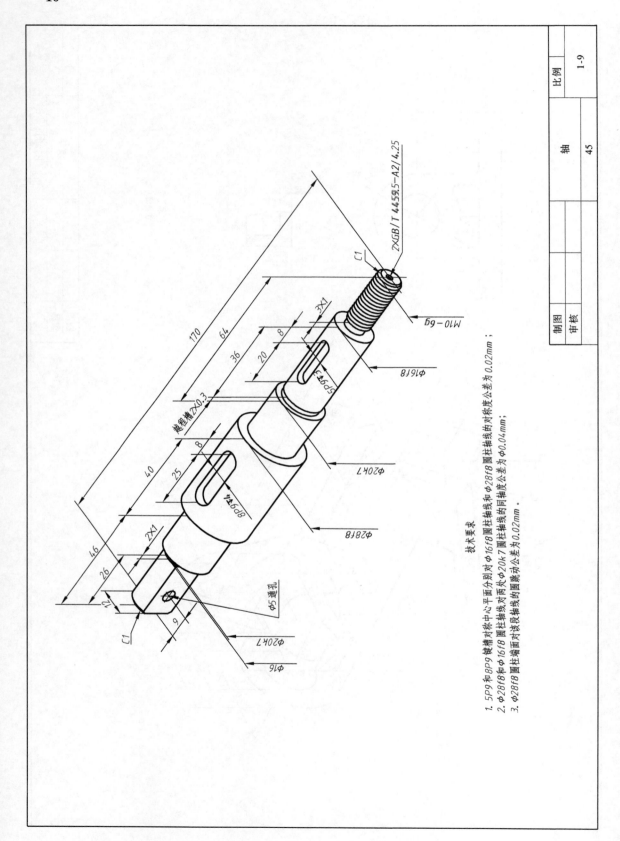

技术要求
1. 5P9 和 8P9 键槽对称中心平面分别对 Φ16f8 圆柱轴线和 Φ28f8 圆柱轴线的对称度公差为 0.02mm ;
2. Φ28f8 和 Φ16f8 圆柱轴线对两处 Φ20k7 圆柱轴线的同轴度公差为 Φ0.04mm;
3. Φ28f8 圆柱端面对该段轴线的圆跳动公差为 0.02mm 。

制图			轴
审核			45
	比例	1-9	

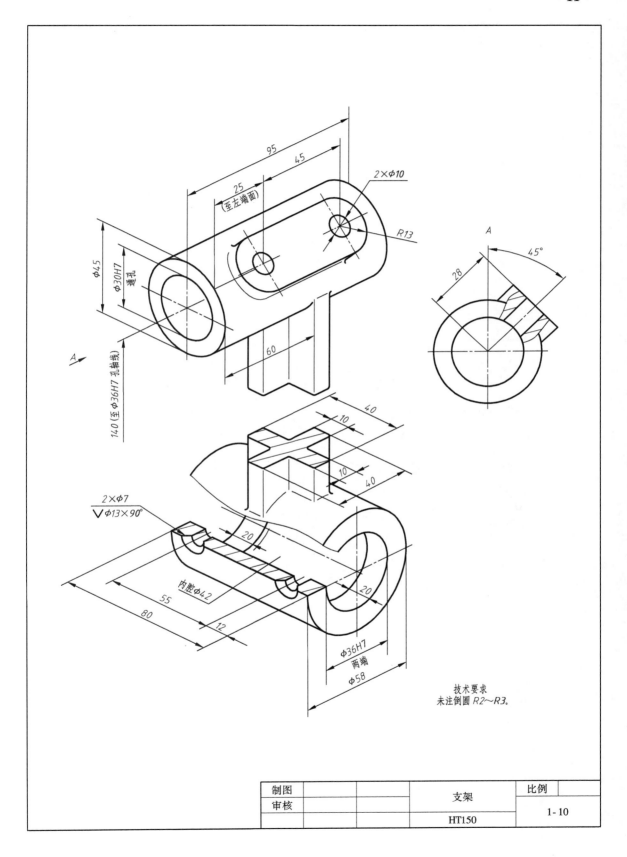

制图			支架	比例	
审核					1-10
			HT150		

技术要求
未注倒圆 R2～R3。

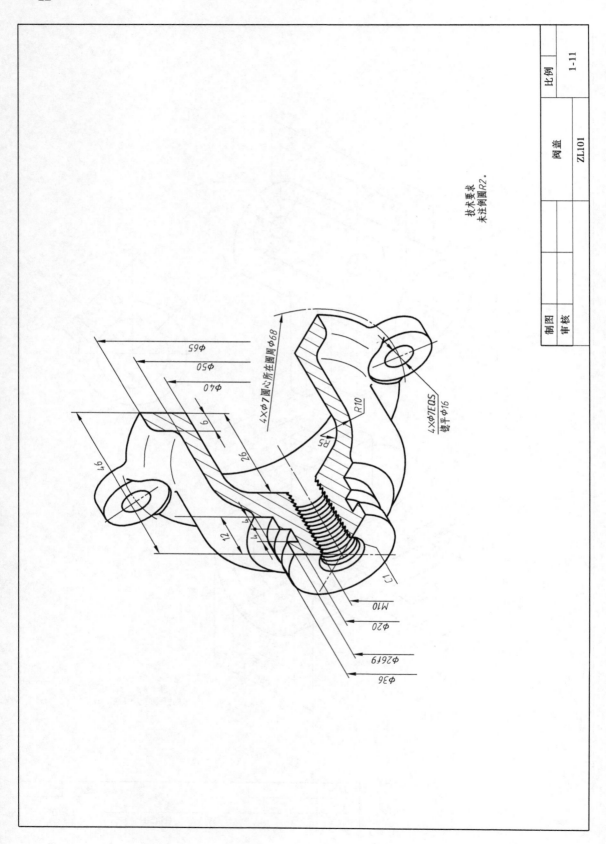

技术要求
未注倒圆圆角R2。

| 制图 | | | 阀盖 | 比例 | |
| 审核 | | | ZL101 | 1-11 | |

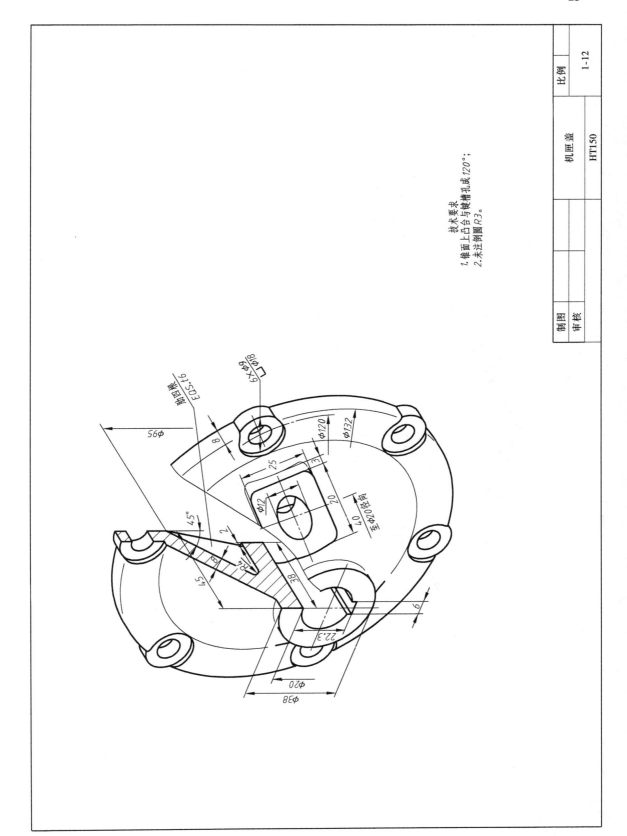

技术要求
1. 锥面上凸台与镶槽孔成 120°;
2. 未注铸圆 R3。

机匣盖

HT150

比例 1-12

制图
审核

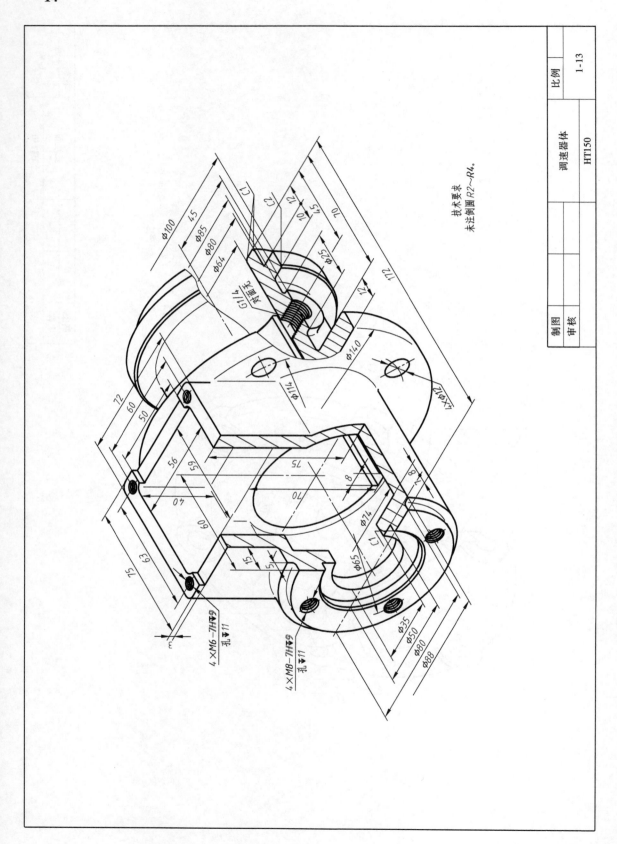

技术要求
未注倒圆 R2~R4。

制图			调速器体		比例
审核			HT150		1-13

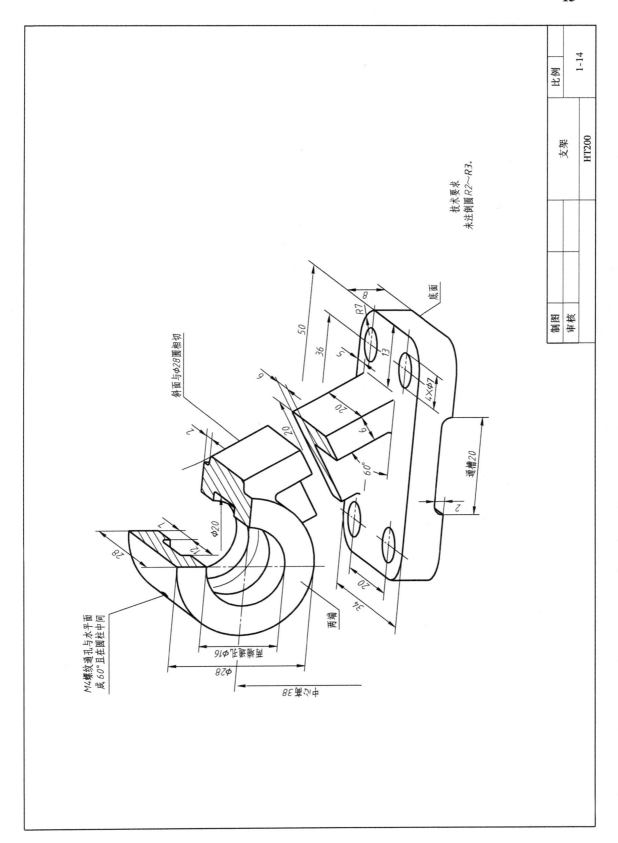

技术要求
未注倒圆圆角R2～R3。

M4螺纹盲通孔与水平面成60°且在圆柱中间

斜面与φ28圆相切

φ20

φ28

R7

4×Φ7

通槽20

60°

底面

两端

支架

HT200

制图

审核

比例

1-14

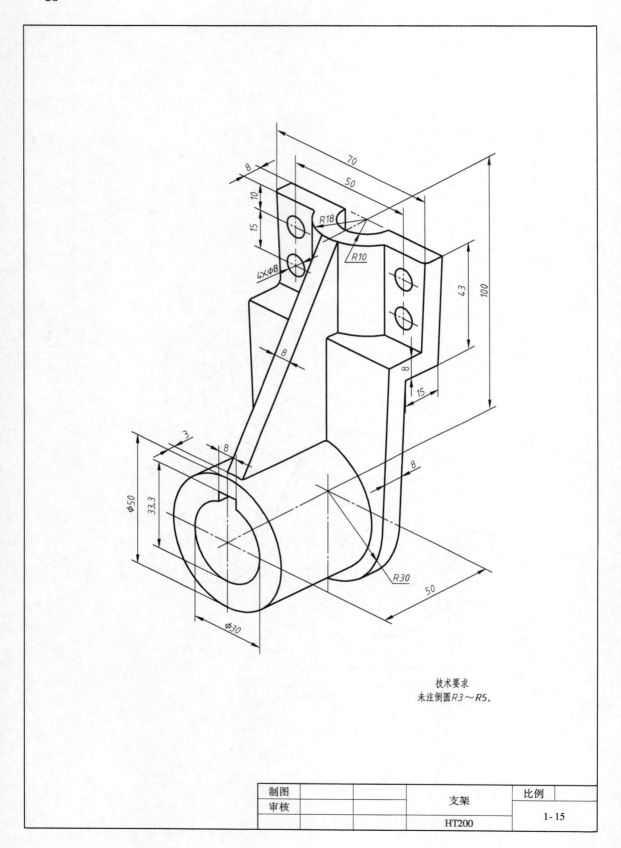

技术要求
未注倒圆R3~R5。

制图			支架	比例	
审核					1-15
			HT200		

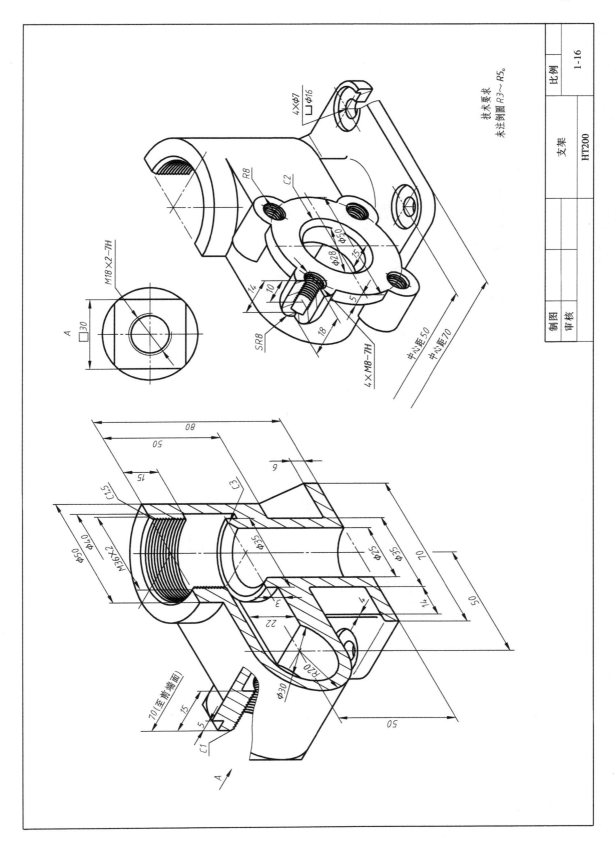

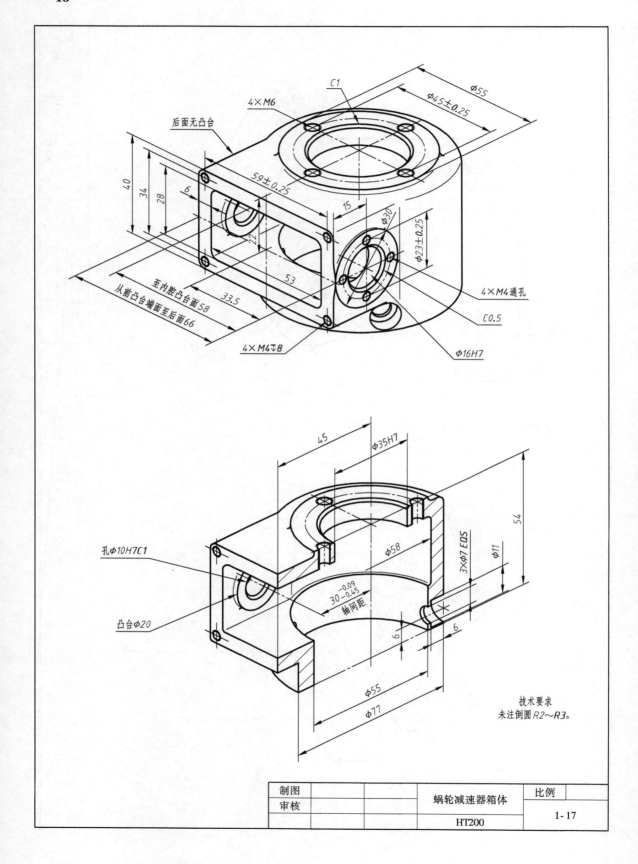

制图			蜗轮减速器箱体	比例	
审核					1-17
			HT200		

技术要求
未注倒圆 R2～R3。

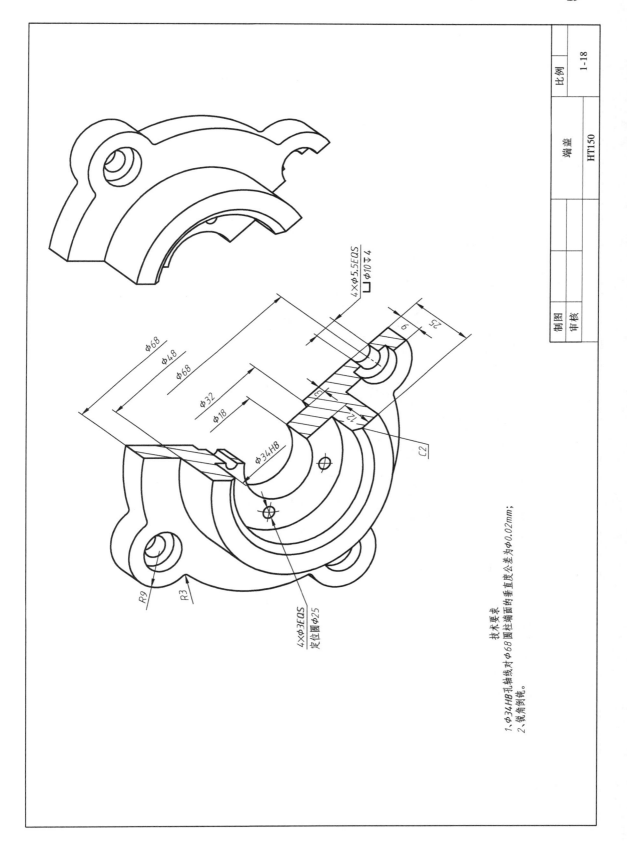

技术要求
1、φ34H8孔轴线对φ68圆柱端面的垂直度公差为φ0.02mm；
2、锐角倒钝。

	端盖		比例	
			1-18	
	HT150			

制图

审核

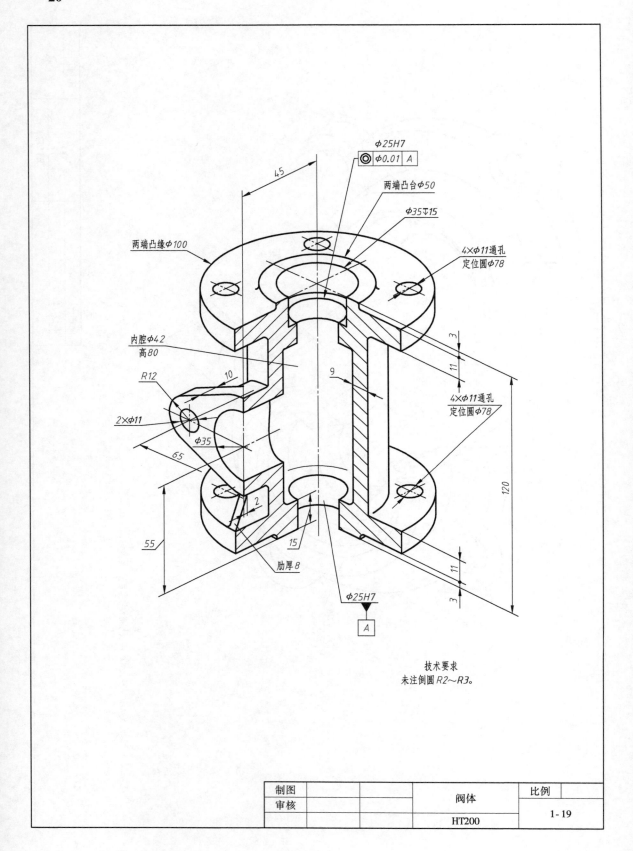

技术要求
未注倒圆 R2~R3。

制图			阀体	比例	
审核					1-19
			HT200		

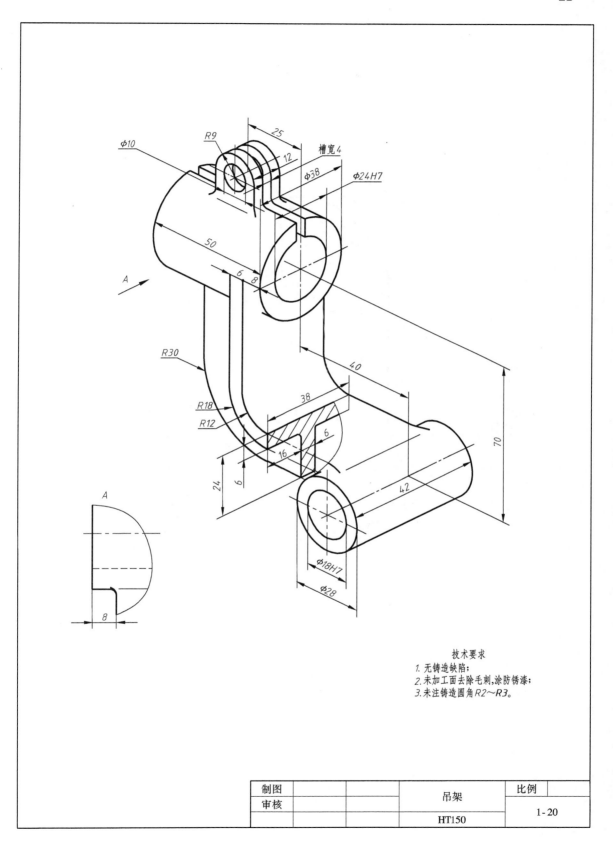

Φ10
R9
25
槽宽4
12
Φ38
Φ24H7
50
A
6 8
R30
40
R18
R12
38
6
16
70
24
6
42
A
Φ18H7
Φ28
8

技术要求
1. 无铸造缺陷;
2. 未加工面去除毛刺,涂防锈漆;
3. 未注铸造圆角R2~R3。

制图			吊架	比例	
审核					1-20
			HT150		

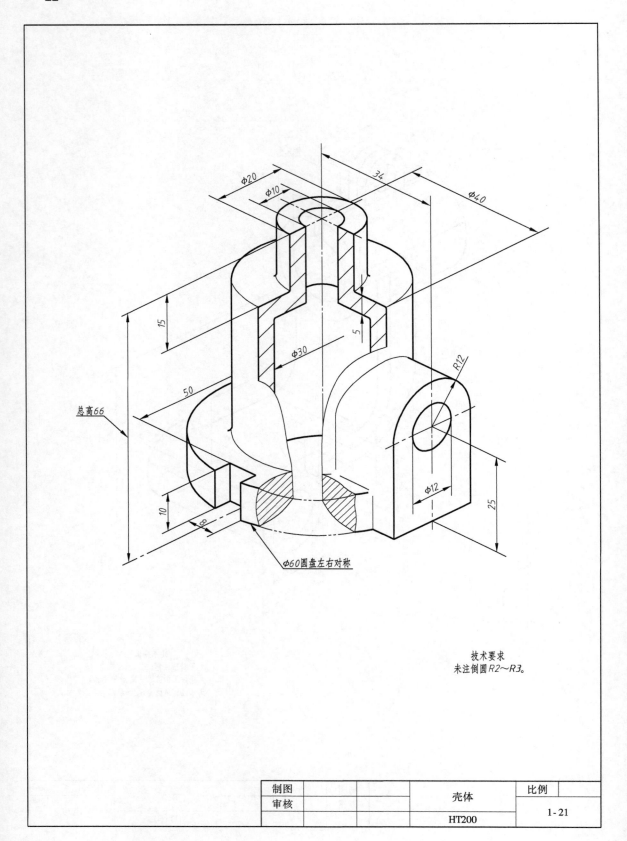

Φ20
Φ10
34
Φ40
15
5
Φ30
50
R12
总高66
Φ12
10
8
25
Φ60圆盘左右对称

技术要求
未注倒圆R2~R3。

制图			壳体	比例	
审核					1-21
			HT200		

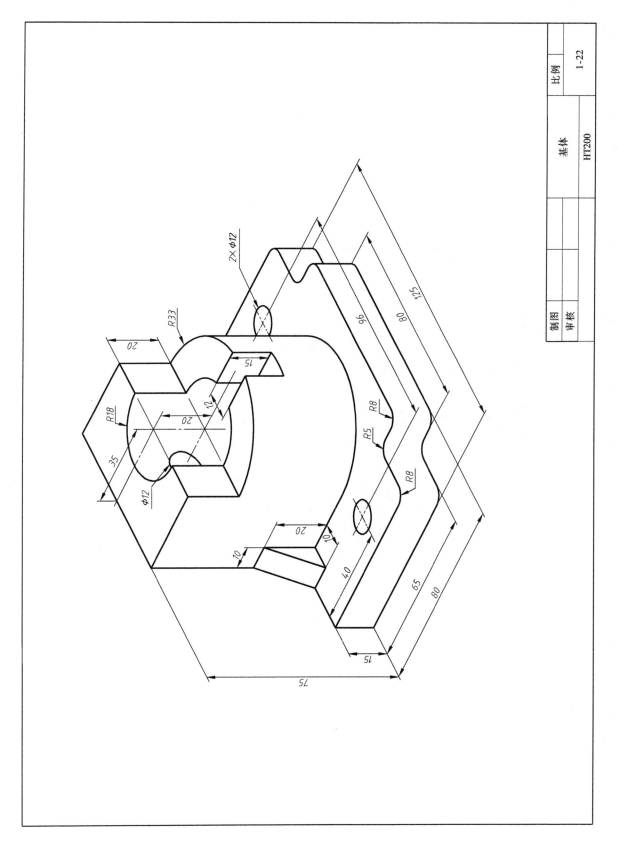

基体

HT200

比例 1-22

制图

审核

2×Φ12

R33

R18

35

Φ12

20

12

20

20

10

10

40

15

75

15

80

65

R8

R5

R8

96

80

125

· 24 ·

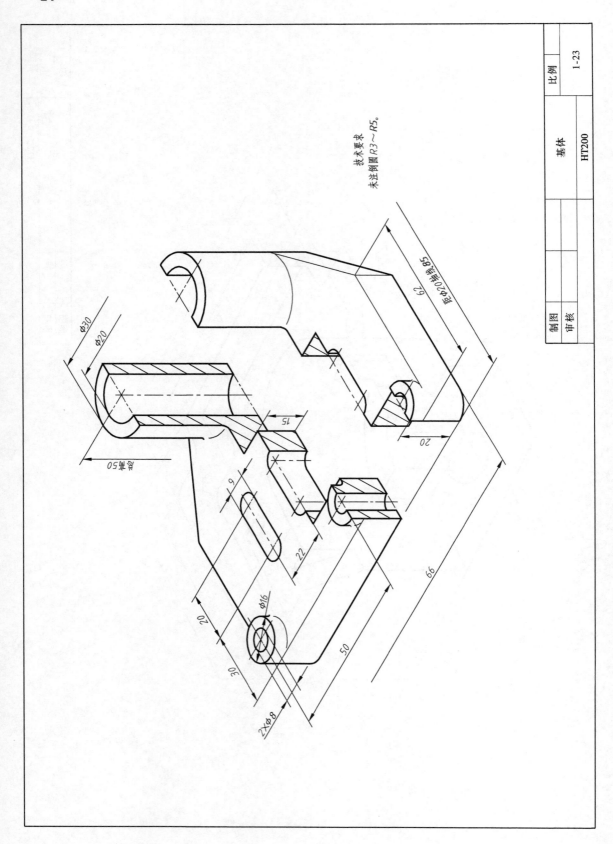

技术要求
未注铸圆R3～R5。

制图					比例	
审核		基体			1-23	
		HT200				

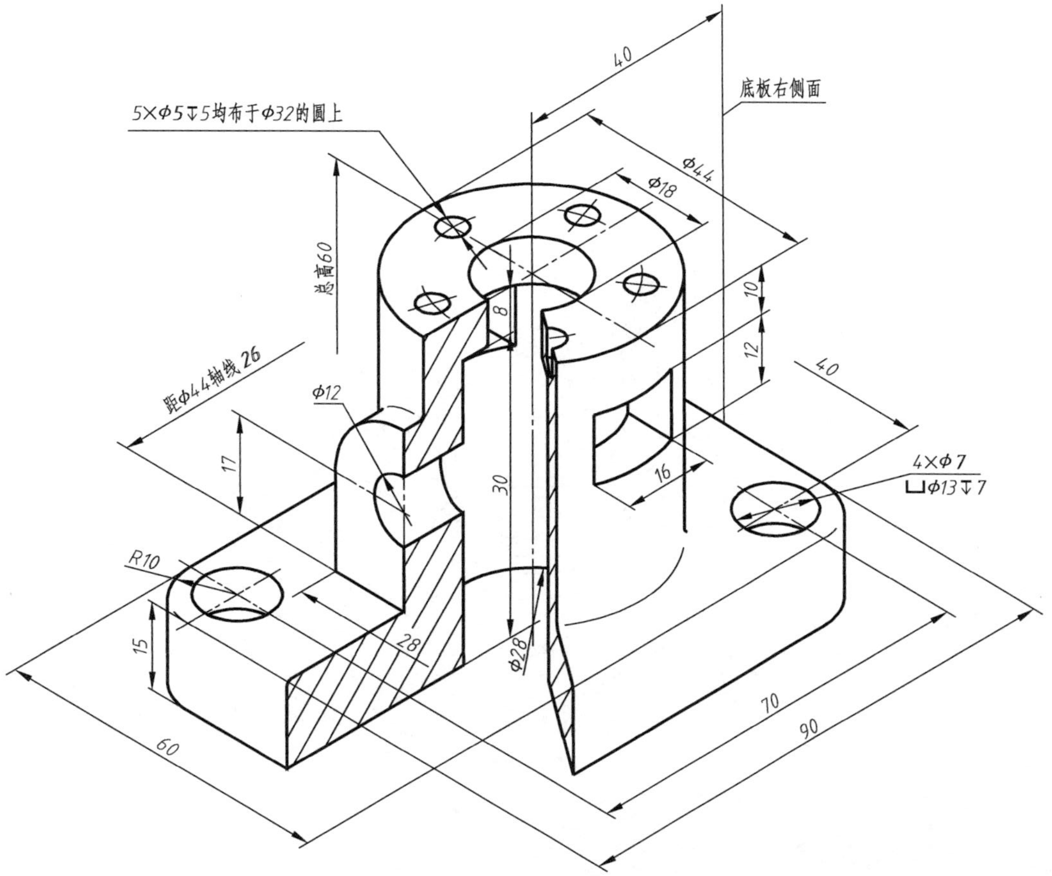
5×Φ5↧5均布于Φ32的圆上
40
底板右侧面
Φ44
Φ18
总高60
8
10
12
距Φ44轴线 26
Φ12
17
30
40
16
4×Φ7
⌴Φ13↧7
R10
15
28
Φ28
60
70
90

技术要求

未注倒圆$R3 \sim R5$。

制图			基体	比例	
审核				1-24	
			HT200		

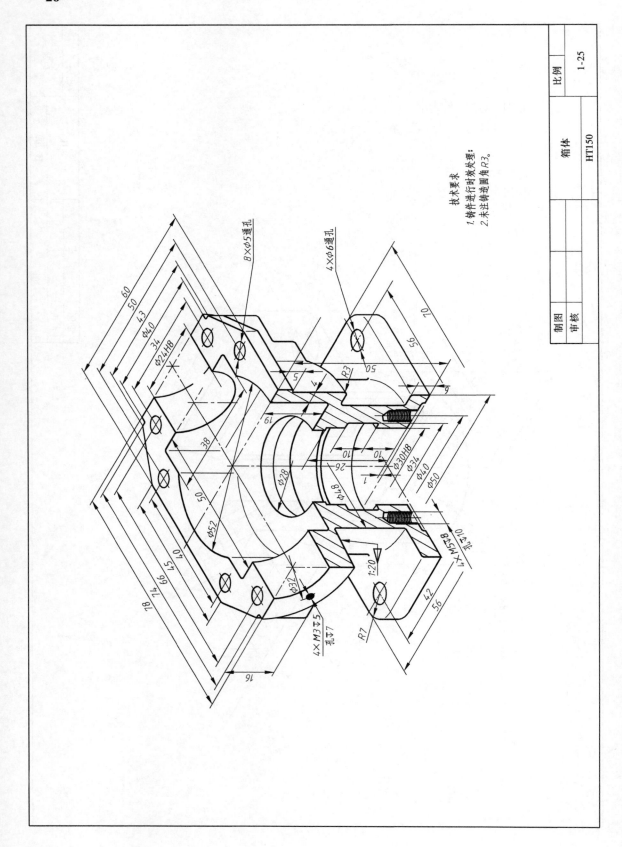

技术要求
1. 铸件进行时效处理;
2. 未注铸造圆角 R3。

制图					比例	
审核			箱体			1-25
			HT150			

第 2 章　专项训练项目

本章为专项训练，分为草绘专项训练和常用机械零件三维建模专项训练。

【项目训练目标】

1）能准确地读图、识图。

2）能熟练掌握工程制图软件草绘工具进行图样草绘。

3）能正确判定零件的基本特征和附加特征。

4）能运用工程制图软件准确完成三维建模。

【项目训练要求】

1）准确地完成草绘和三维建模。

2）完成模型的剖切与渲染。

3）完成零件的高级出图（基本视图、剖视图、断面图和局部放大图等）。

4）要求视图符合制图国家标准（图幅、比例、字体、图线、图样表达、尺寸标注）。

2.1　草绘专项训练

【训练要求】

1）能熟练运用工程制图软件草绘工具完成机械零部件的草图特征。

2）草图应体现设计意图。

3）草图应尽量体现零件的细节。

4）草图对象一般不应欠约束或过约束。

2.2　常用机械零件三维建模专项训练

【训练要求】

1）能熟练运用工程软件完成常用机械零件的三维建模。

2）能准确地根据图样确定零件的基本特征和附加特征。

3）零件的建模顺序应尽可能与机械加工顺序一致。

4）能熟练运用零件建模的总体原则、总体要求、详细要求来对模型进行检查和管理。

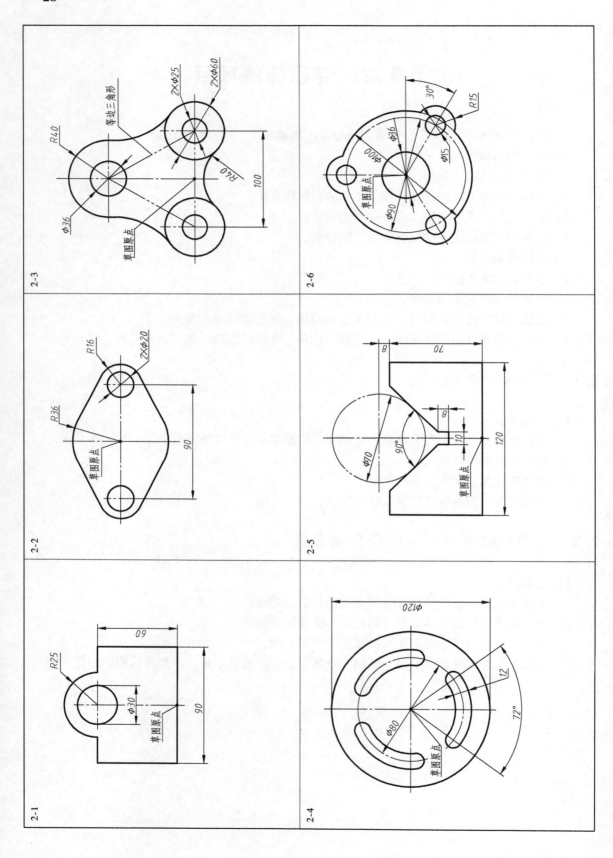

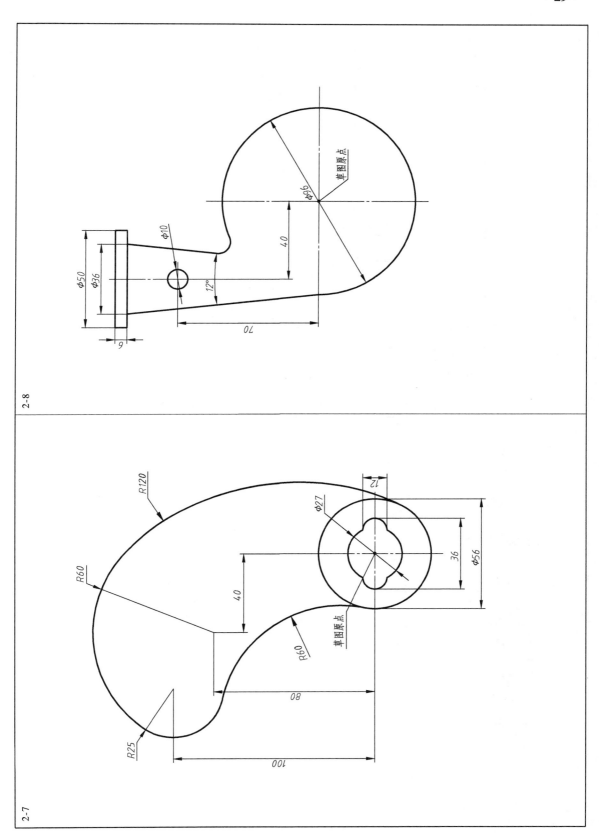

2-8

2-7

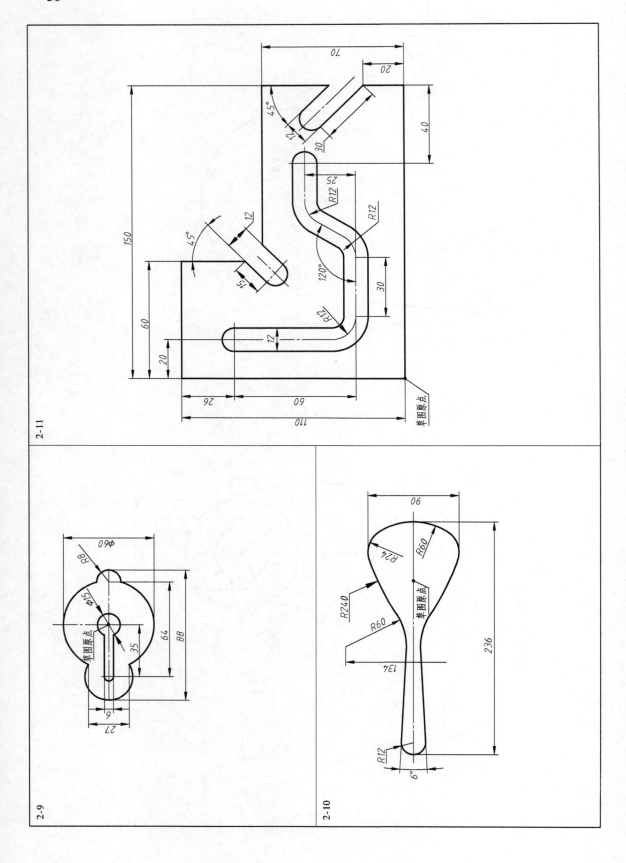

2-11

2-9

2-10

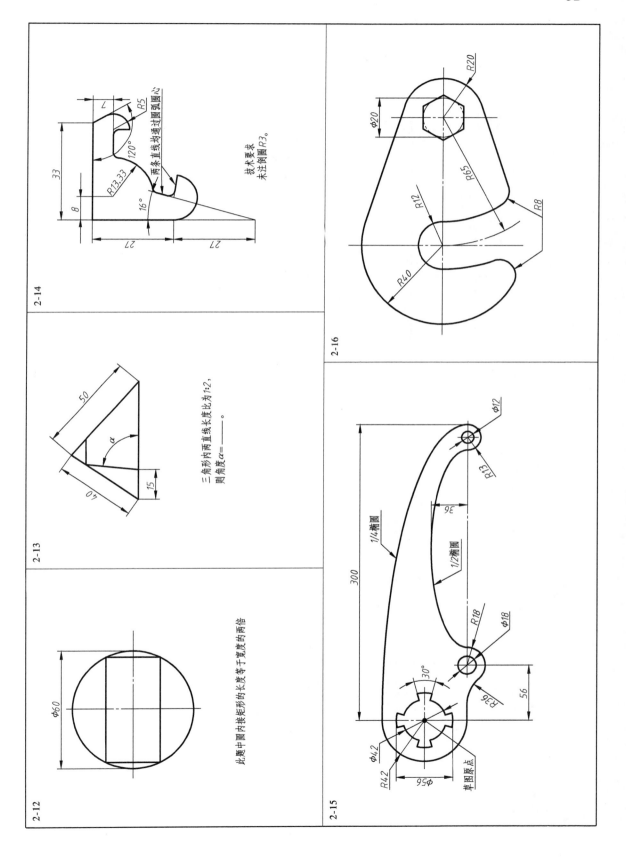

2-14

R5
L
120°
R13.33
16°
33
8
27
27

技术要求
两条直线均通过圆弧圆心
未注倒圆R3。

2-13

50
α
40
15

三角形内两直线长度比为1:2，
则角度α=————。

2-12

Φ60

此题中圆内接矩形的长度等于宽度的两倍

2-16

R20
Φ20
R65
R12
R8
R40

2-15

Φ12
R13
36
1/4椭圆
1/2椭圆
300
R18
Φ18
30°
R36
56
Φ42
R42
56Φ
草图原点

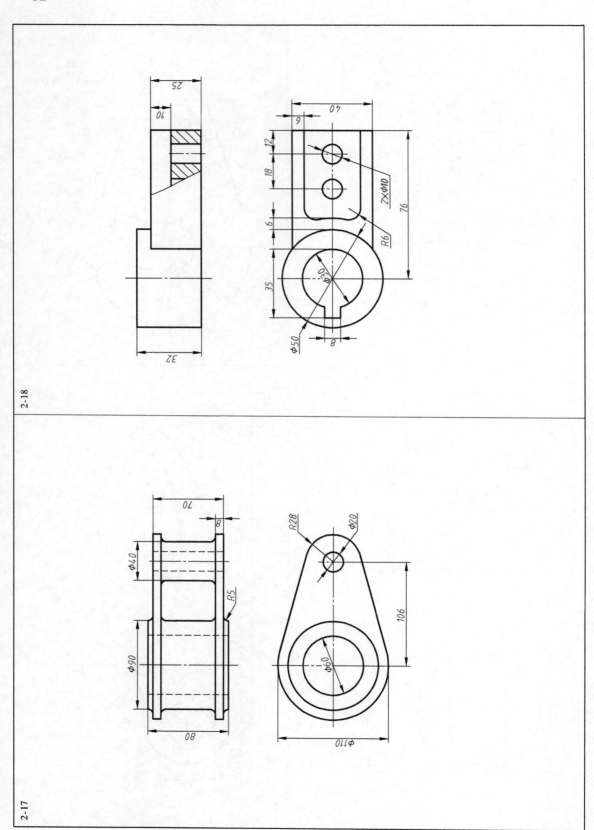

2-18

2-17

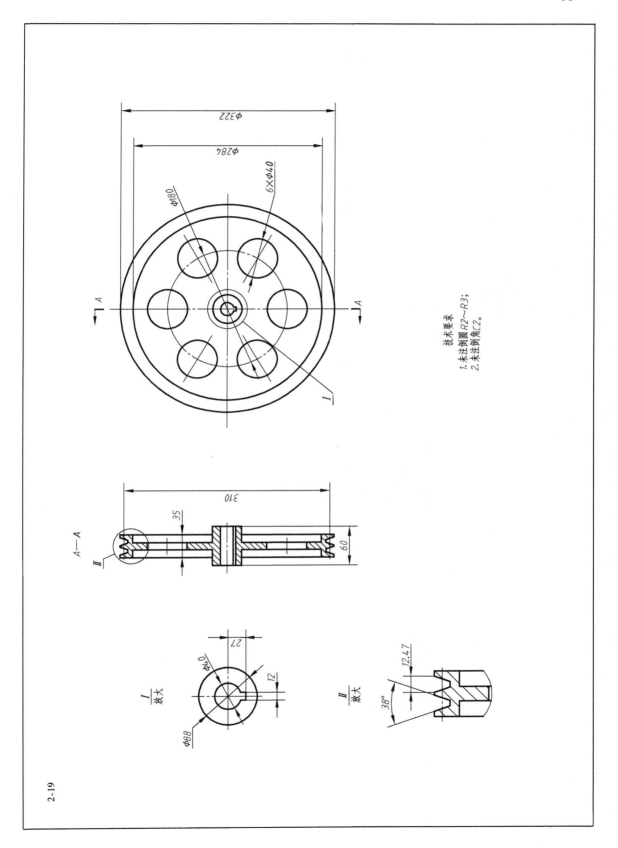

技术要求
1. 未注铸圆圆角R2～R3；
2. 未注倒角C2。

A—A

I 放大

II 放大

· 34 ·

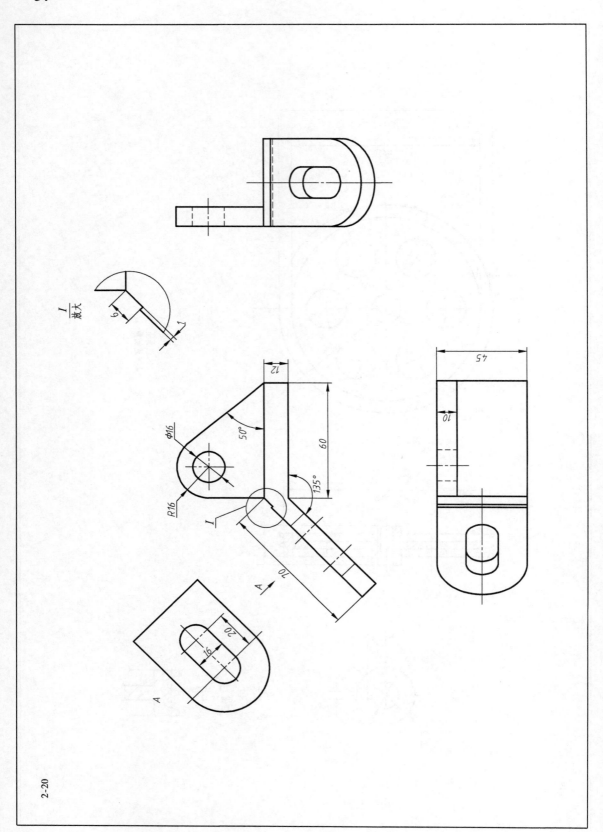

2-20

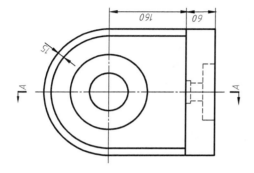

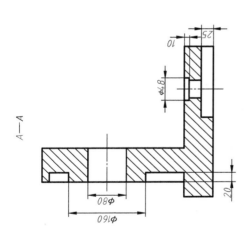

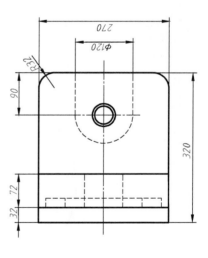

2-21

2-22

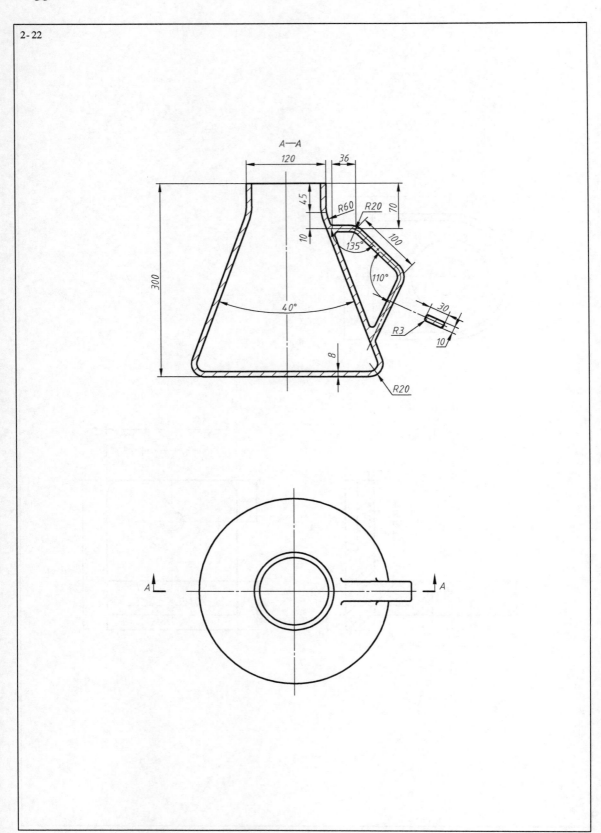

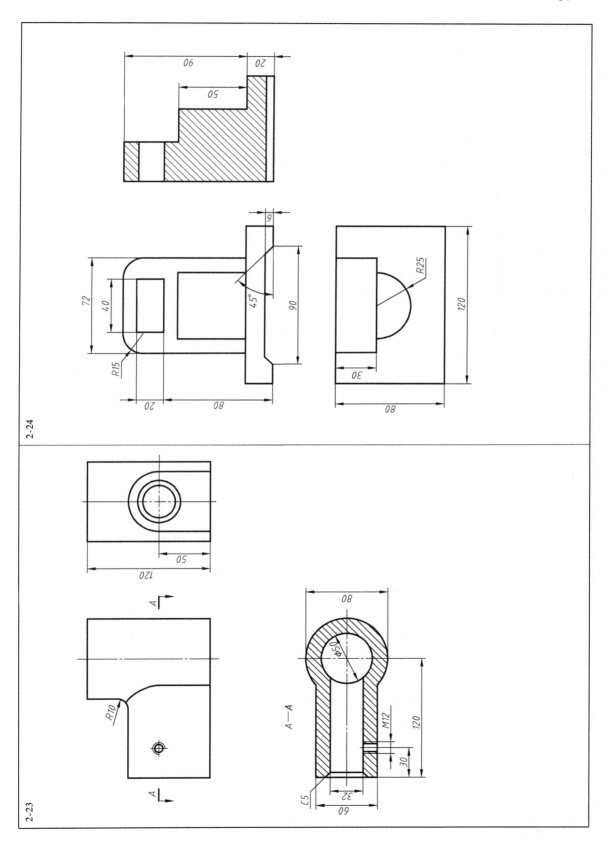

2-24

2-23

2-25

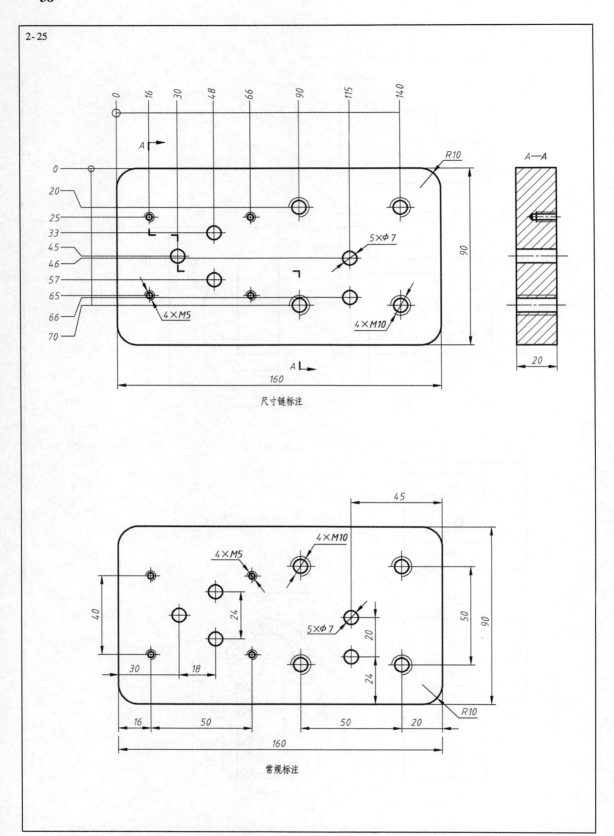

尺寸链标注

常规标注

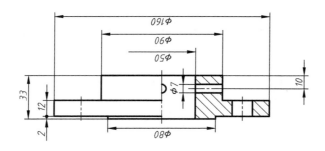

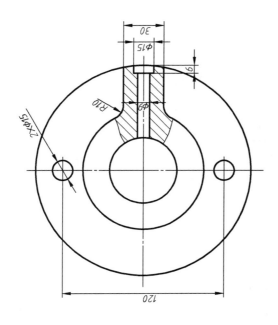

2-26

2-27

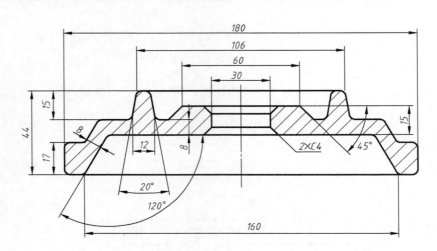

2-28

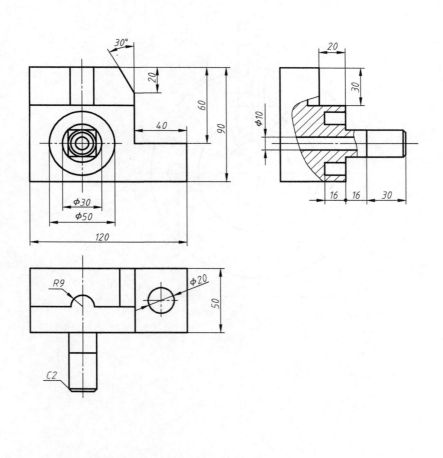

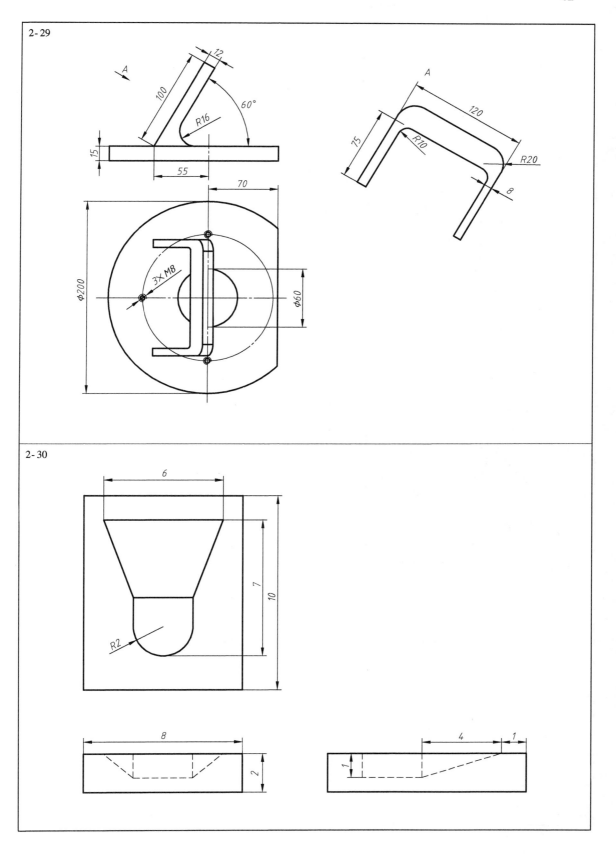

2-29

2-30

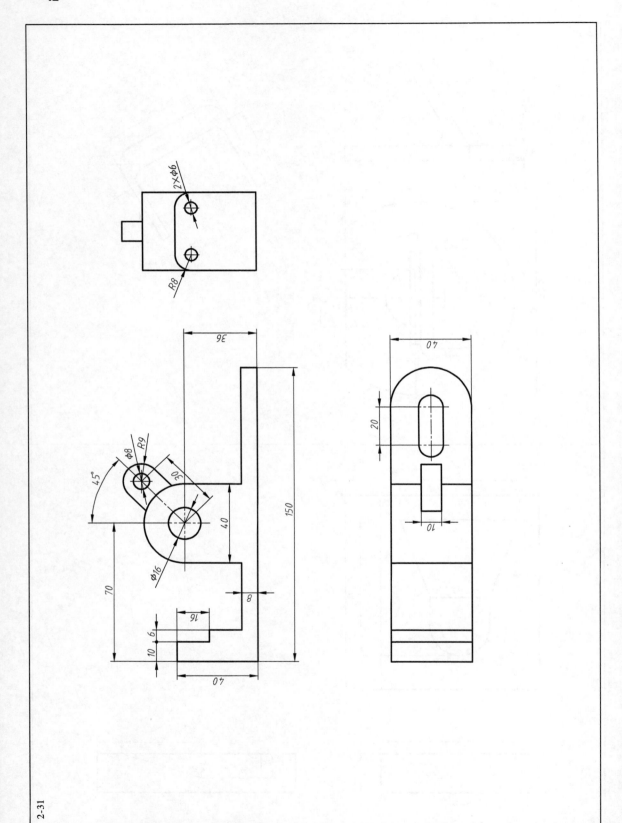

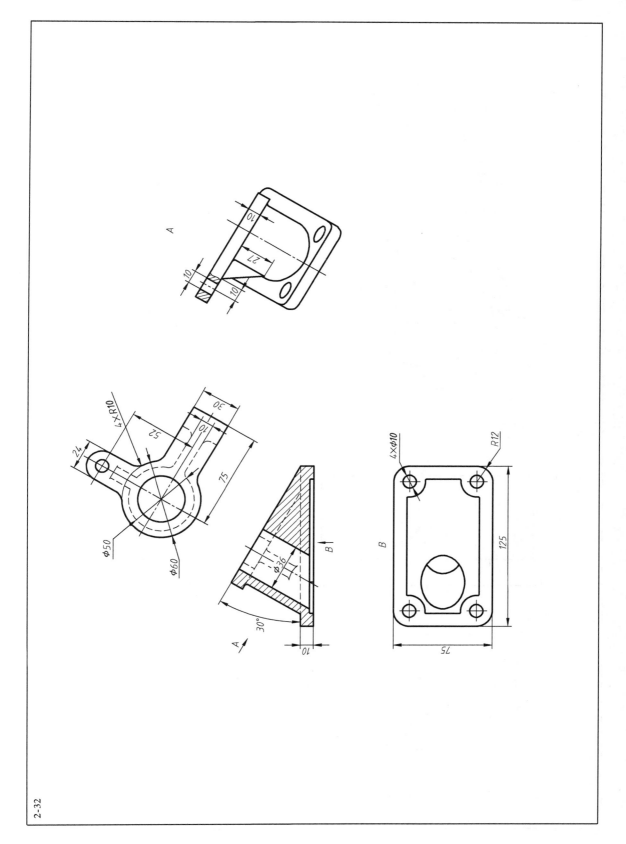

2-32

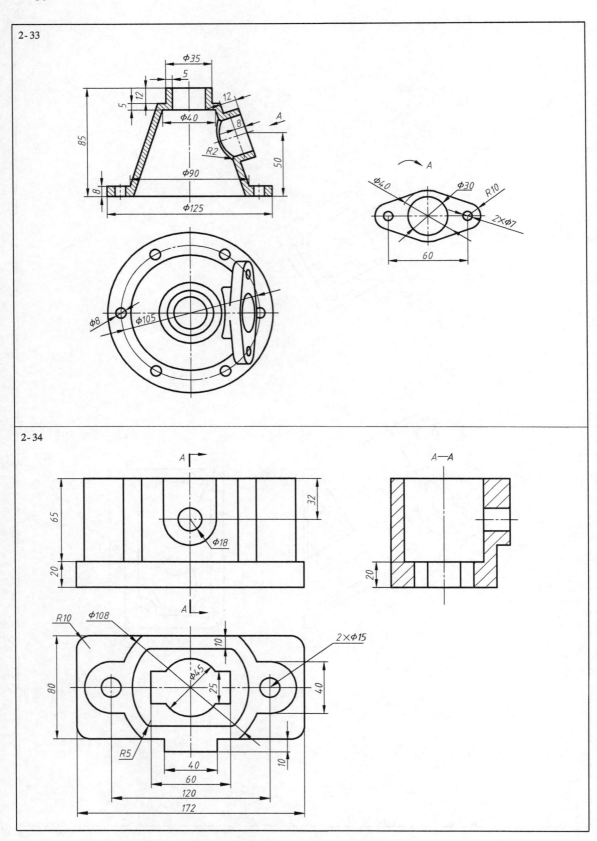

2-33

2-34

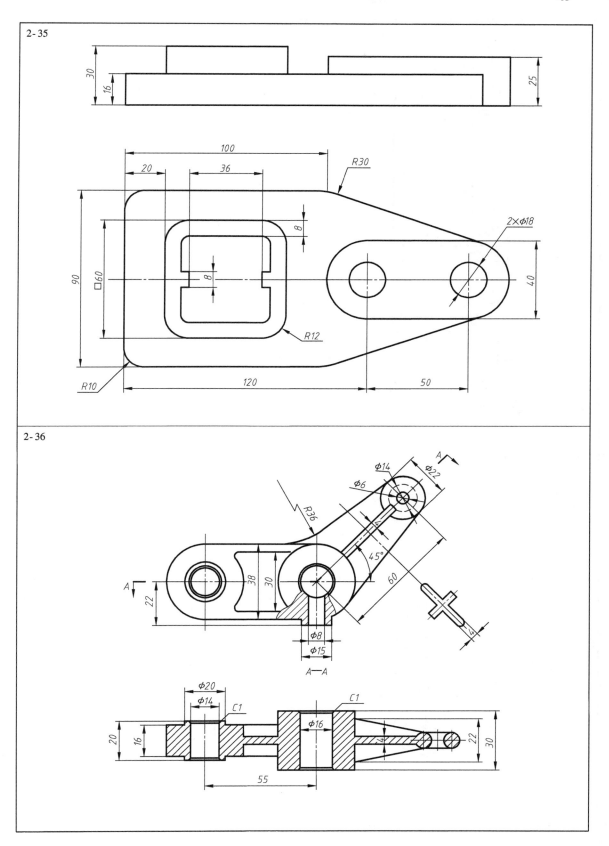

2-35

2-36

2-37

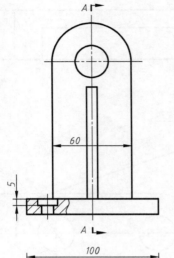

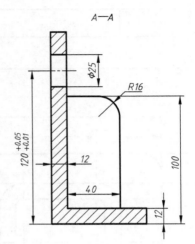

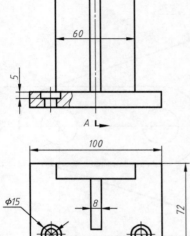

2-38

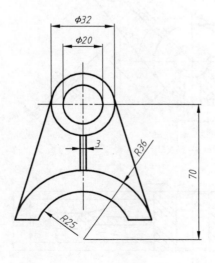

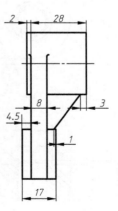

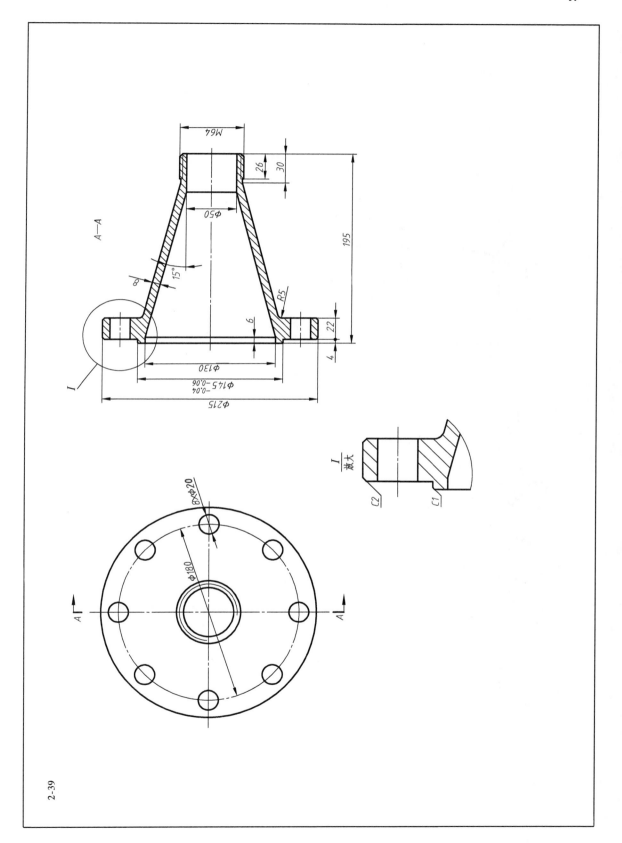

2-39

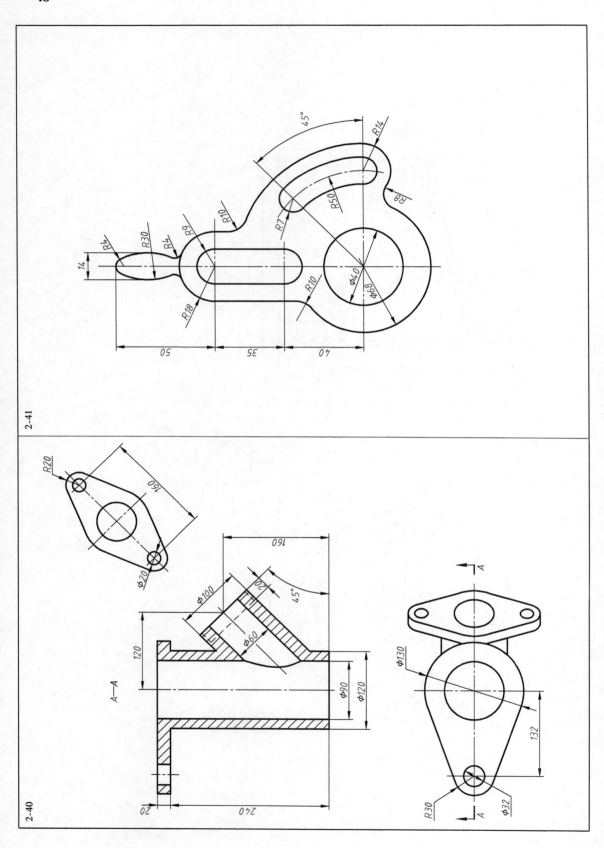

2-41

2-40

2-42

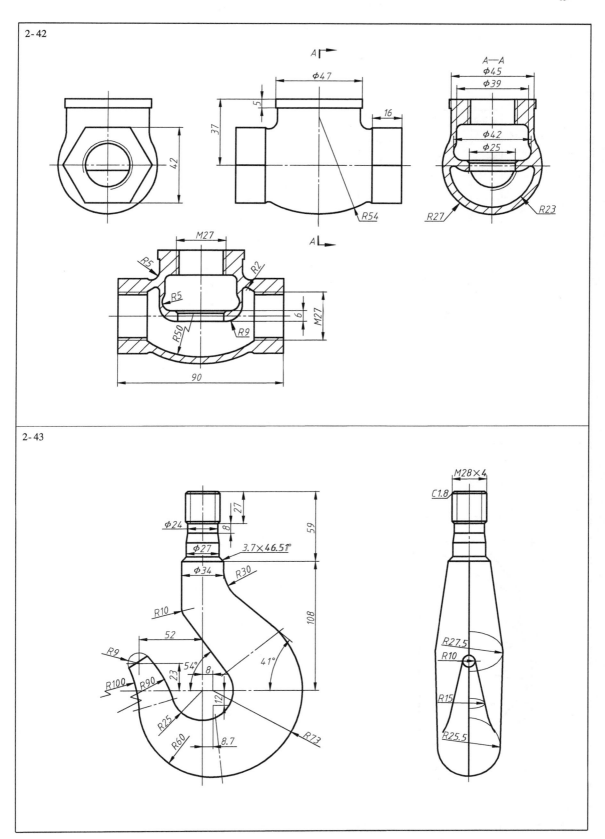

2-43

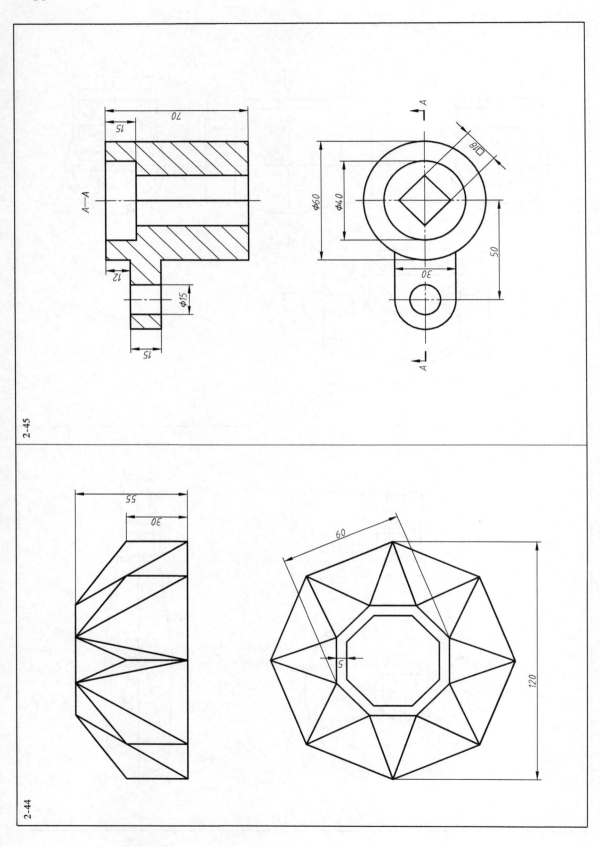

2-45

2-44

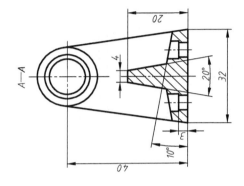

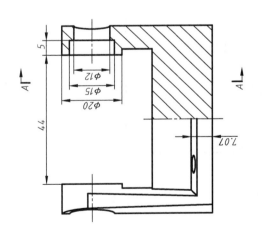

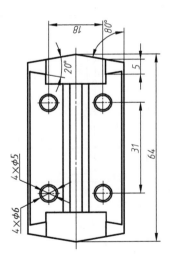

2-46

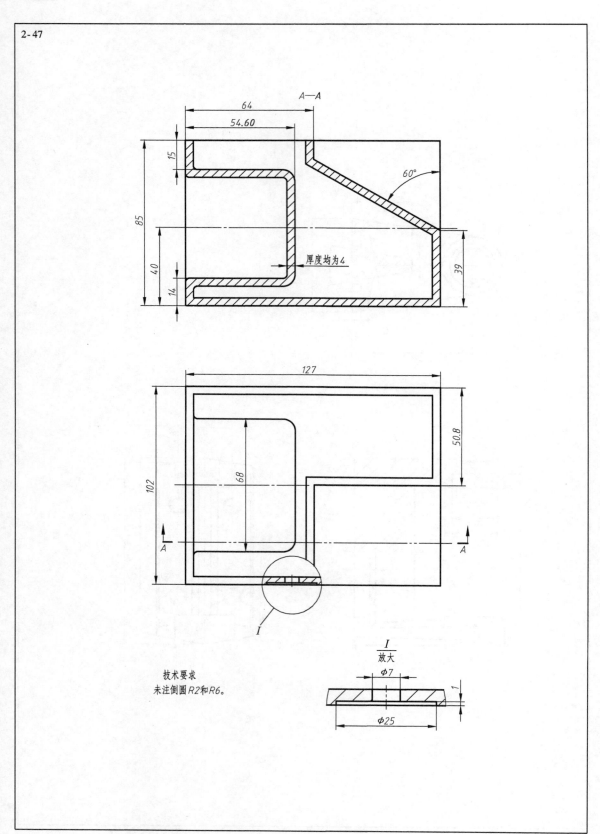

2-47

A—A

64
54.60
15
85
40
14
厚度均为4
60°
39

127
50.8
102
68
A
A

I

I
放大
φ7
φ25
1

技术要求
未注倒圆R2和R6。

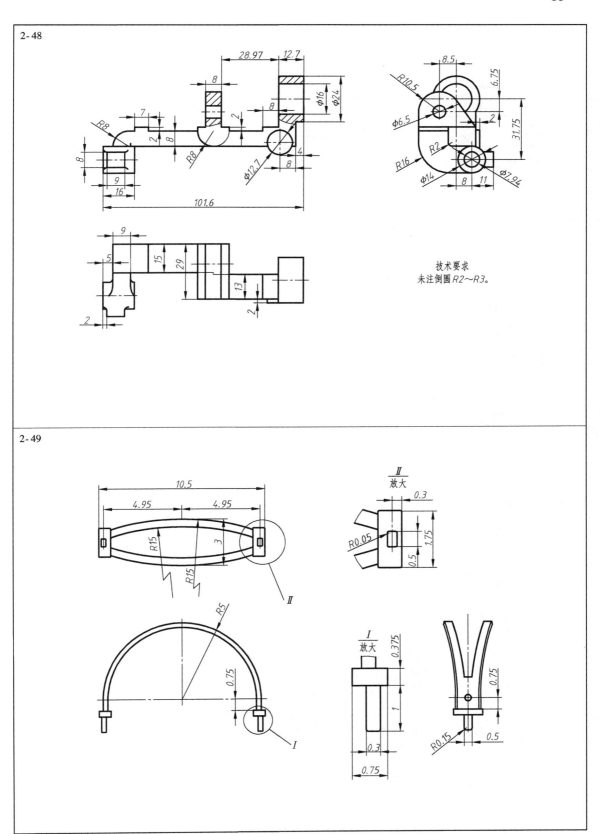

2-48

技术要求
未注倒圆 R2～R3。

2-49

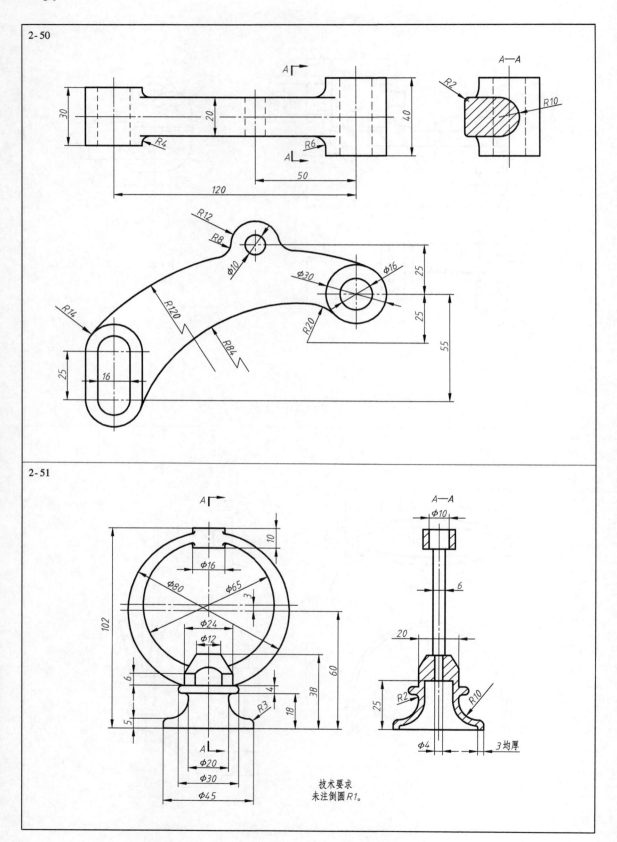

2-50

2-51

技术要求
未注倒圆 R1。

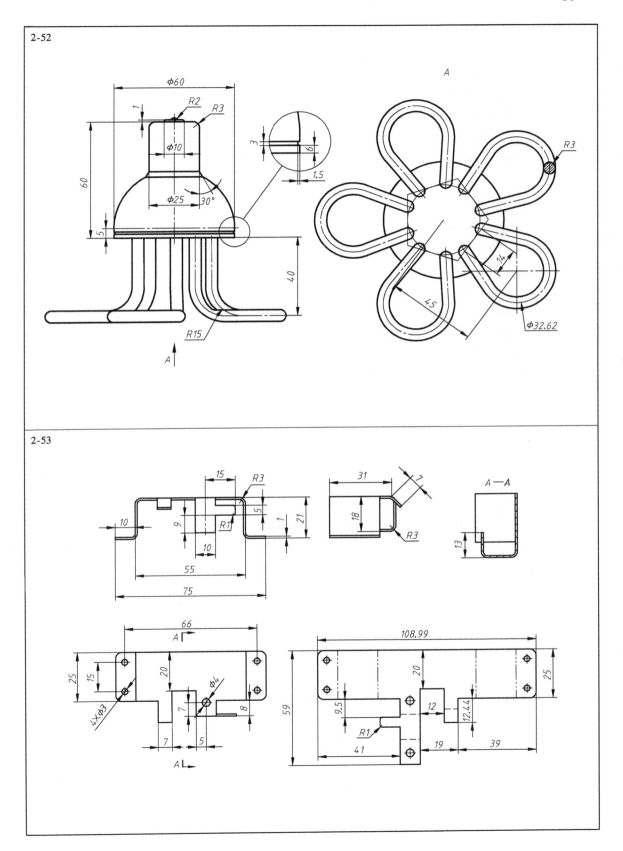

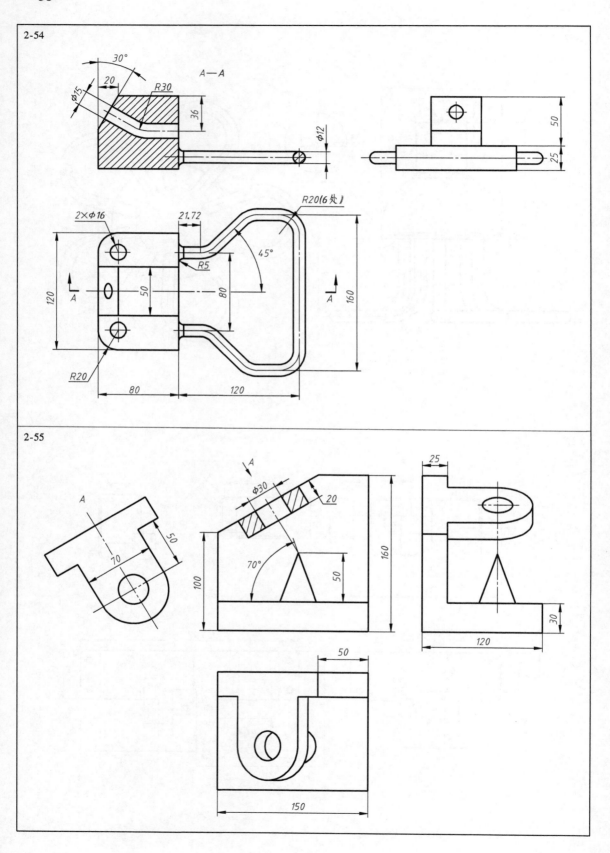

2-54

$A-A$

30°

20

ϕ15

R30

36

ϕ12

50

25

$2\times\phi16$

21.72

R20(6处)

R5

45°

80

120

A

50

A

160

120

R20

80

120

2-55

A

A

ϕ30

20

50

70

70°

100

50

160

25

30

120

50

150

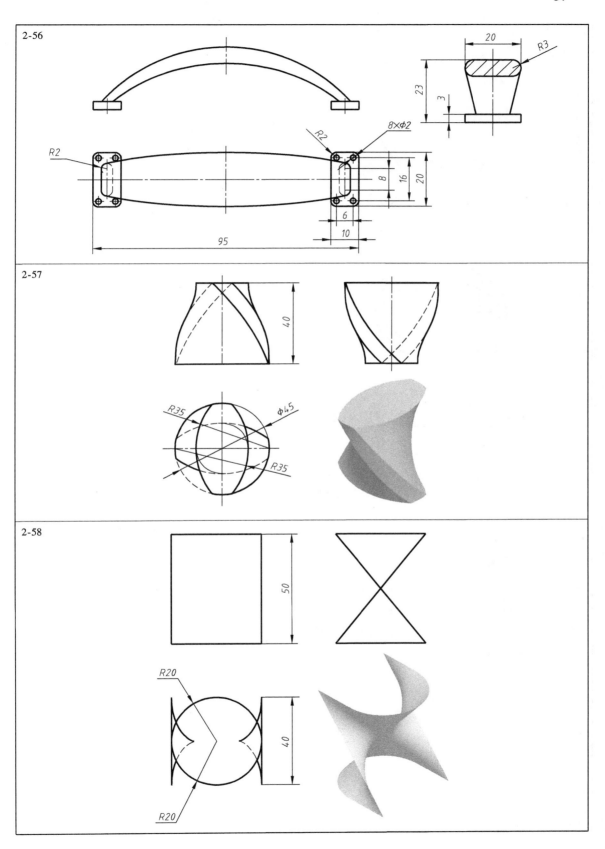

2-56

2-57

2-58

2-59

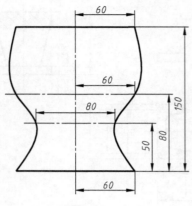

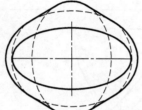

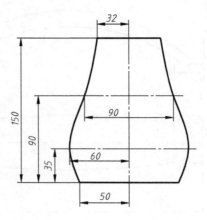

沿各条点画线剖切，剖面均为椭圆形态

2-60

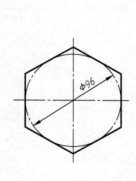

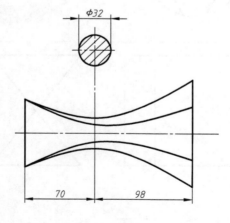

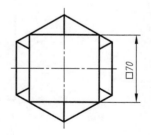

2-61　使用曲面造型功能，按尺寸在圆柱表面构建完整的螺距为 12mm 的梯形螺纹。

2-62

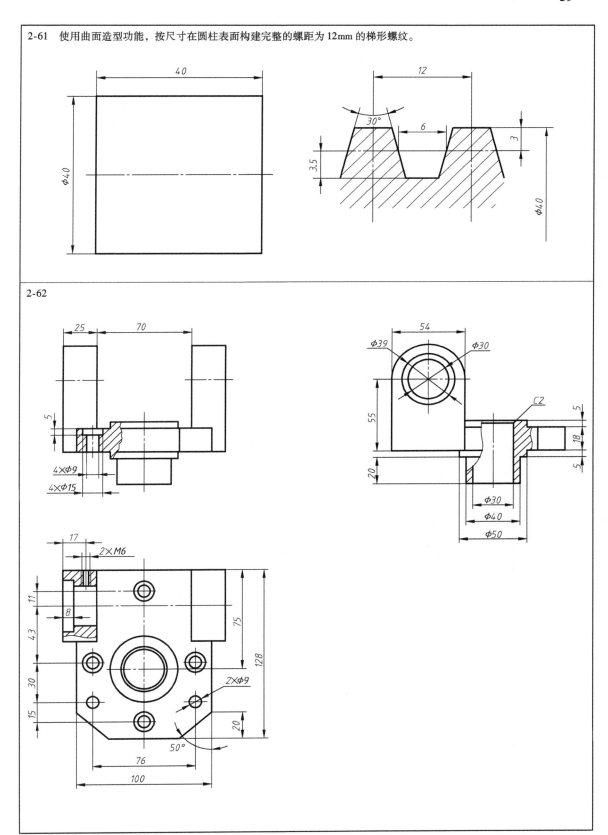

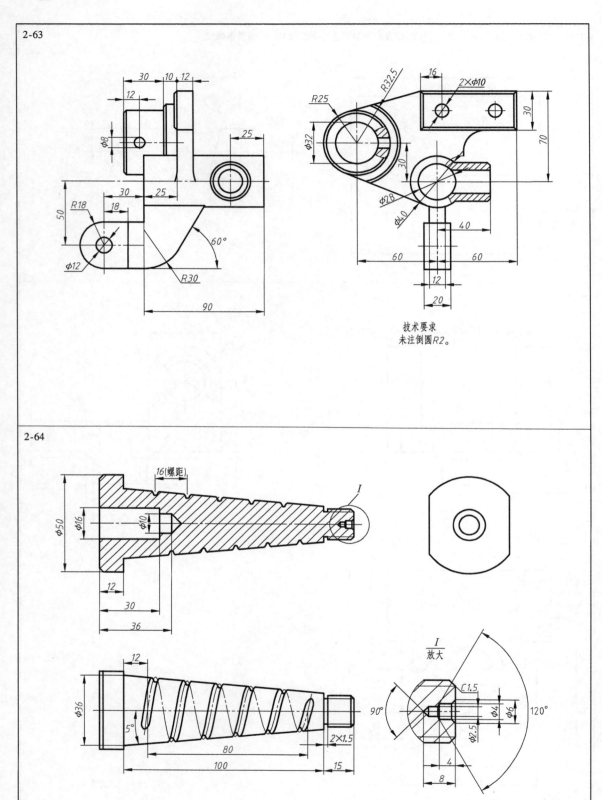

2-63

技术要求
未注倒圆R2。

2-64

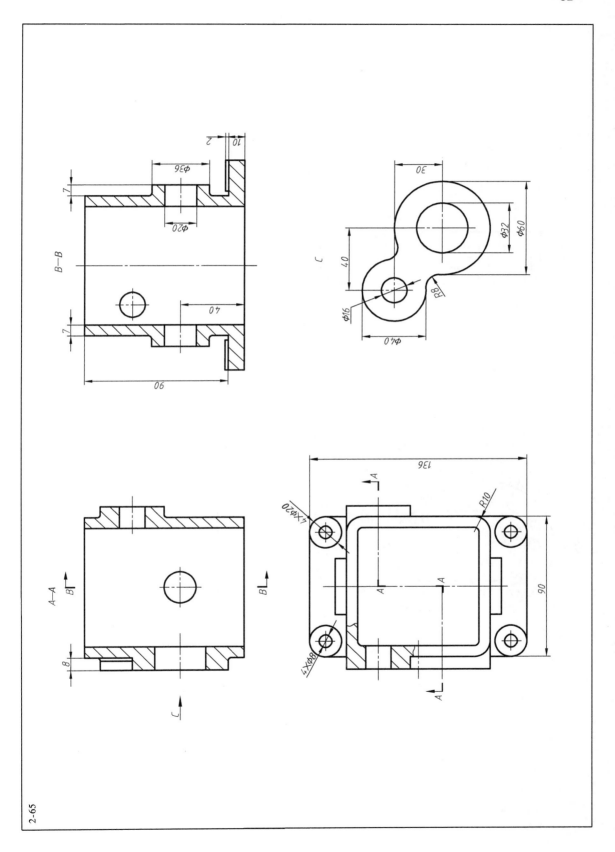

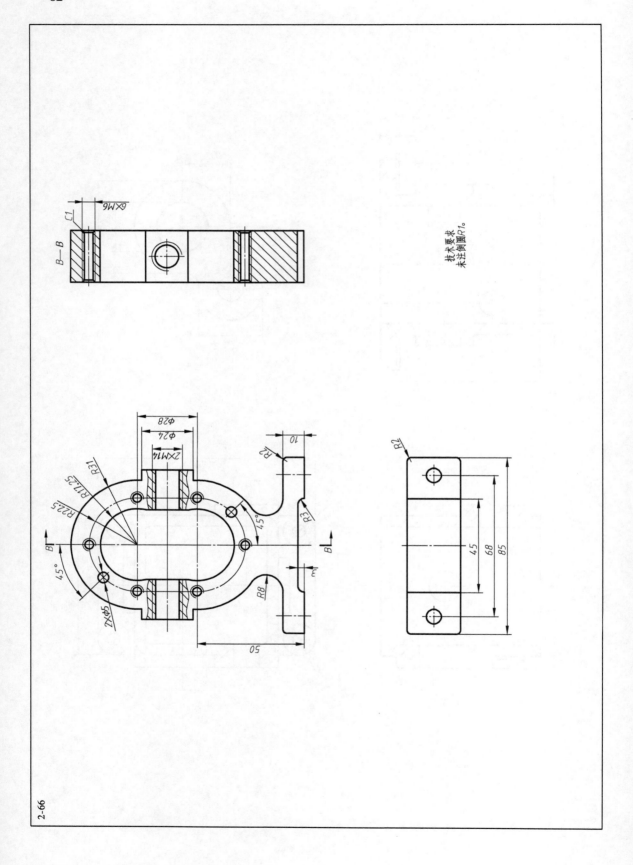

技术要求
未注倒圆R1。

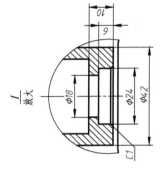

$\dfrac{I}{放大}$

$\phi 18$ $\phi 24$ $\phi 42$

10 6 C1

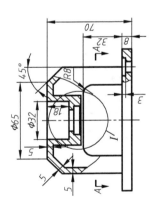

70 32 8 A

4.5° R8

$\phi 65$ $\phi 32$ 18 3 I

5 5 5 A

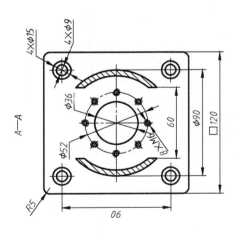

$A{-}A$

$4\times\phi 15$ $4\times\phi 9$

$\phi 36$

$\phi 52$ $8\times M6$

60 $\phi 90$ $\square 120$

$R5$ 90

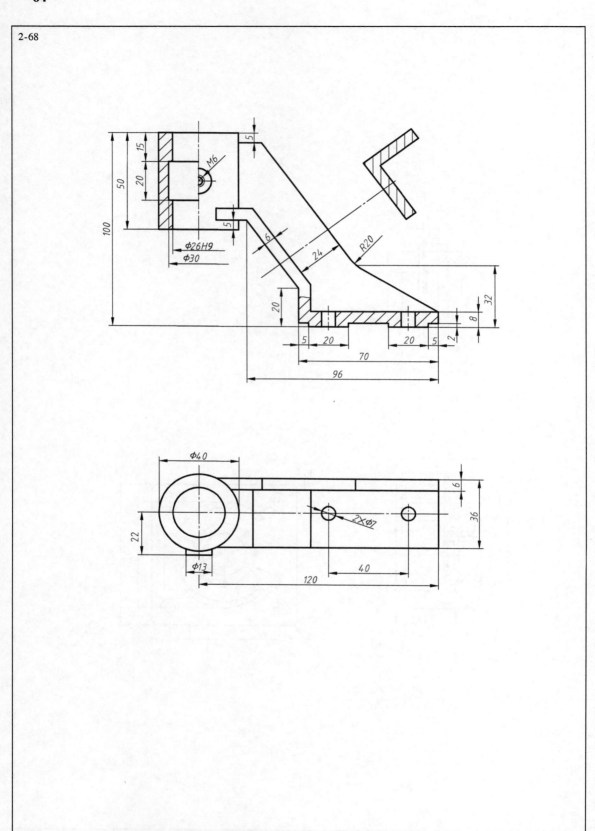

2-68

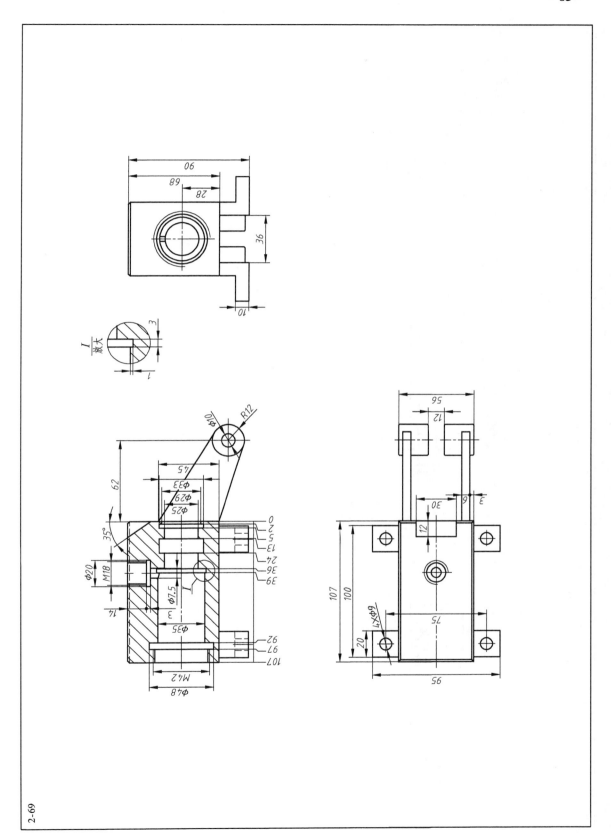

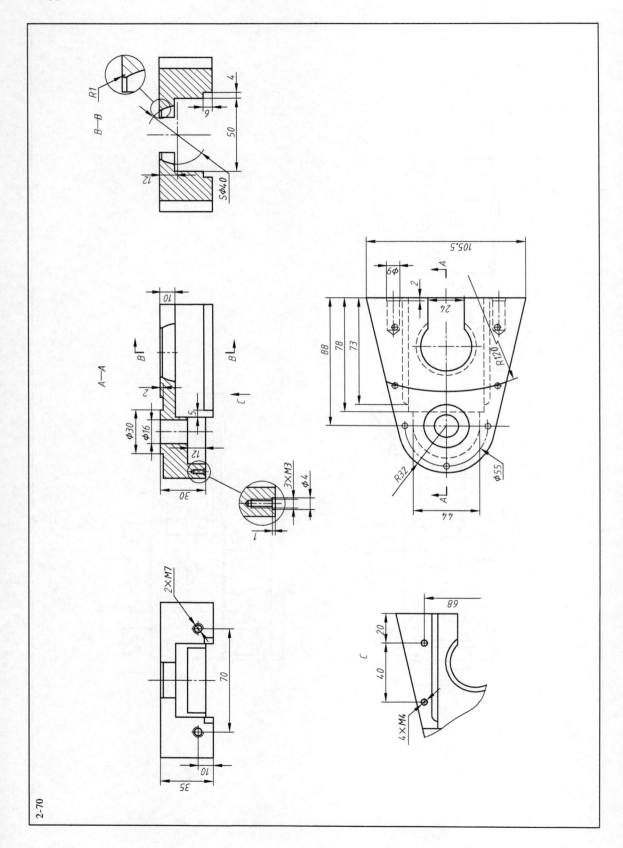

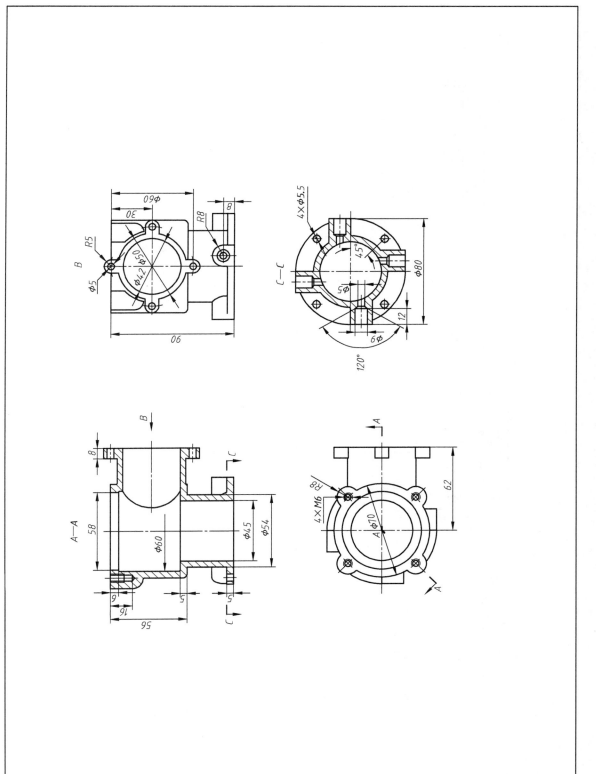

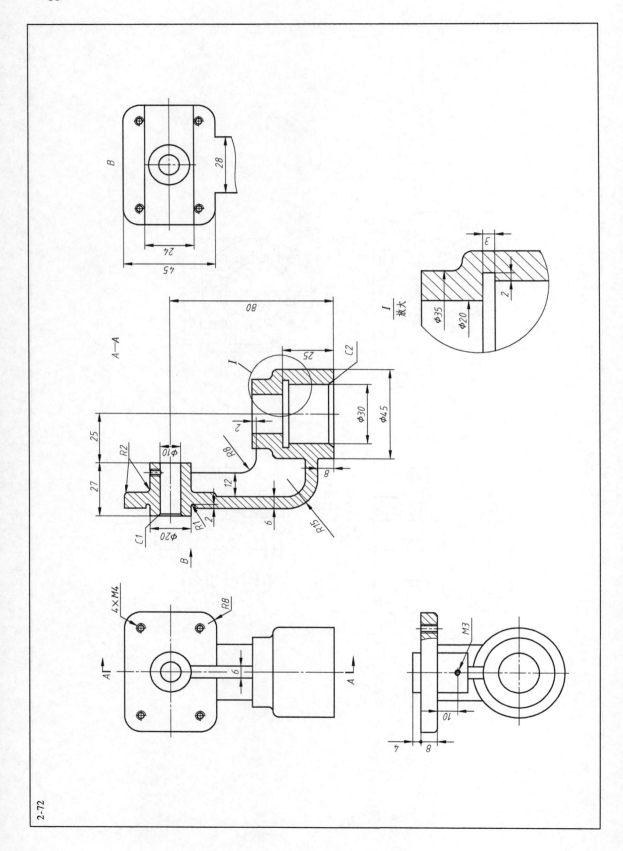

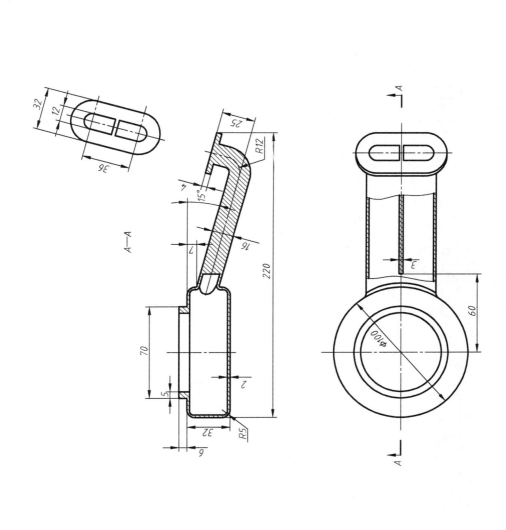

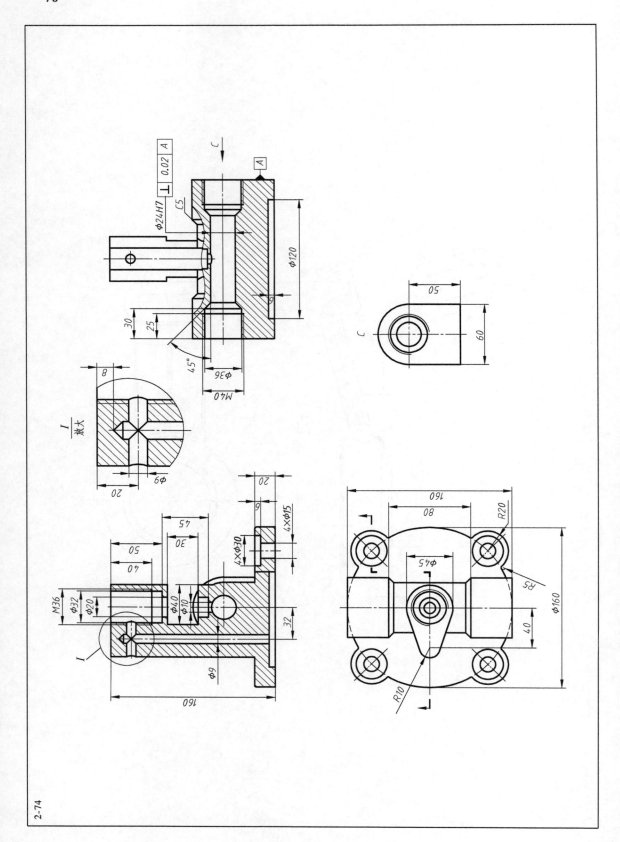

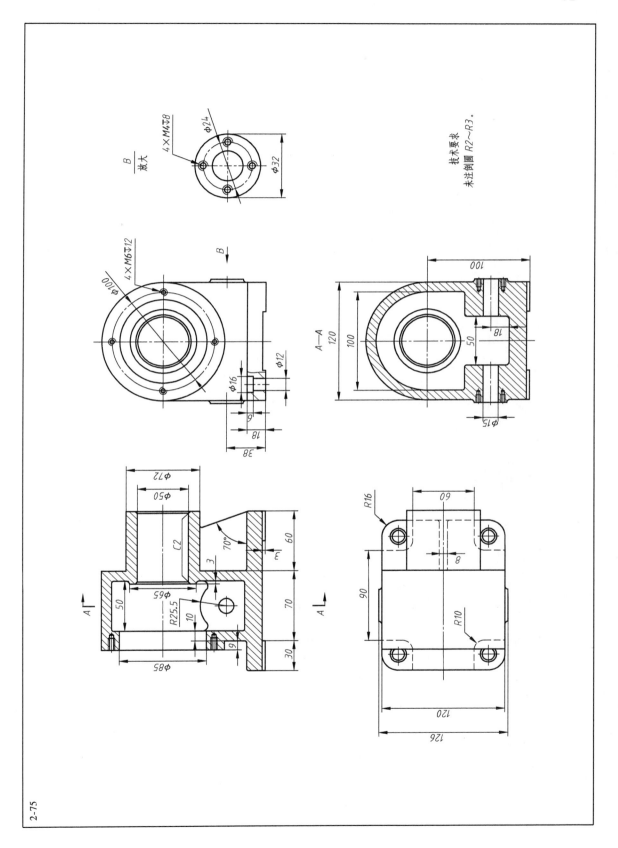

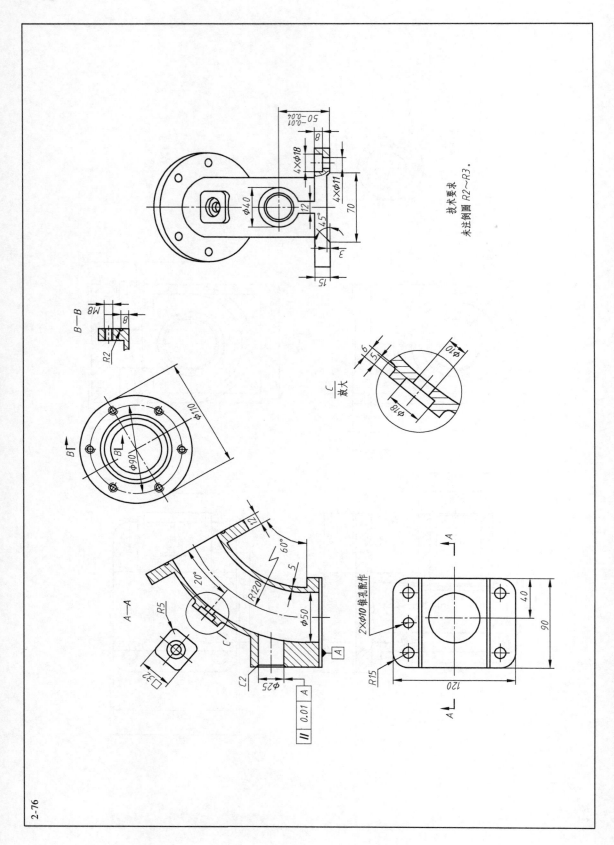

技术要求

未注倒圆 R2~R3。

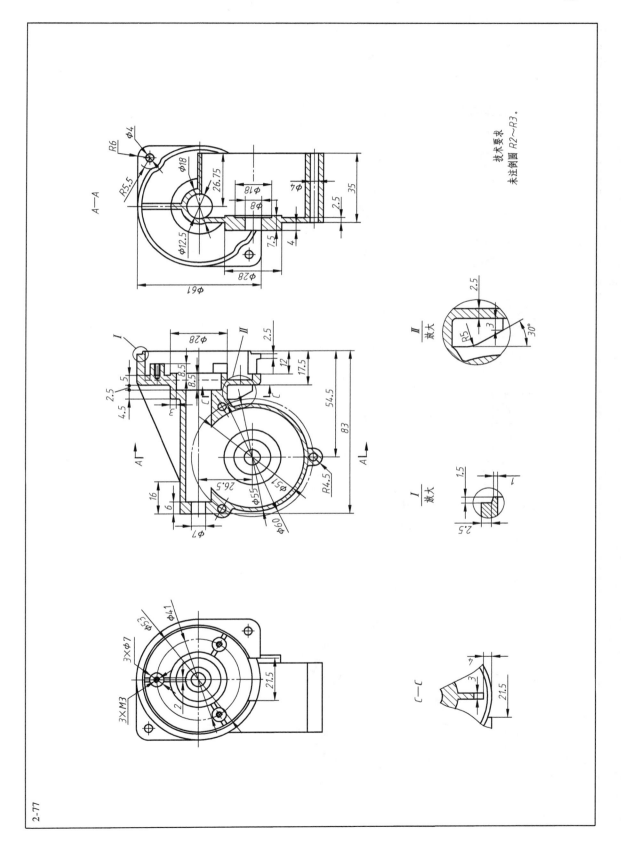

技术要求
未注倒圆 R2~R3。

A—A

I 放大

II 放大

C—C

2-77

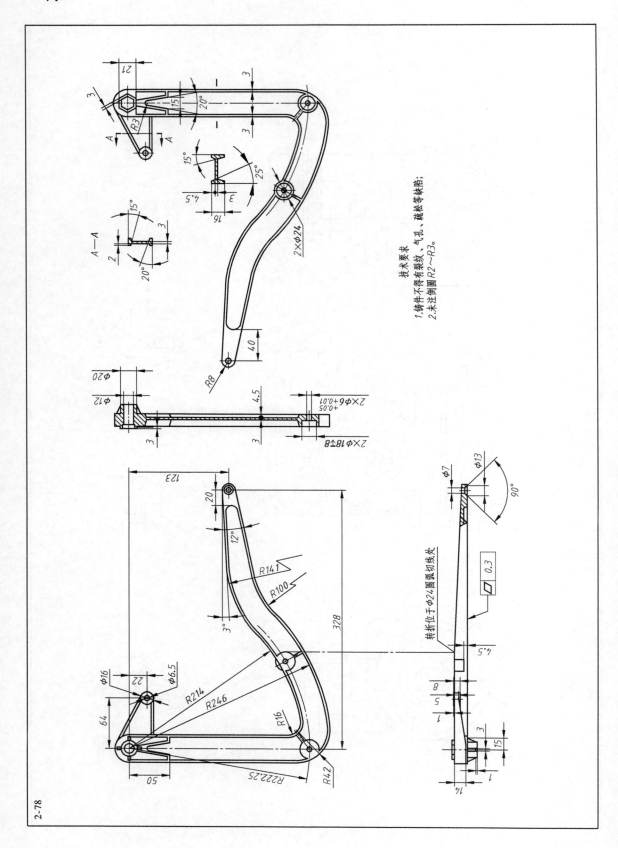

技术要求
1.铸件不得有裂纹、气孔、疏松等缺陷;
2.未注倒圆R2～R3。

2-78

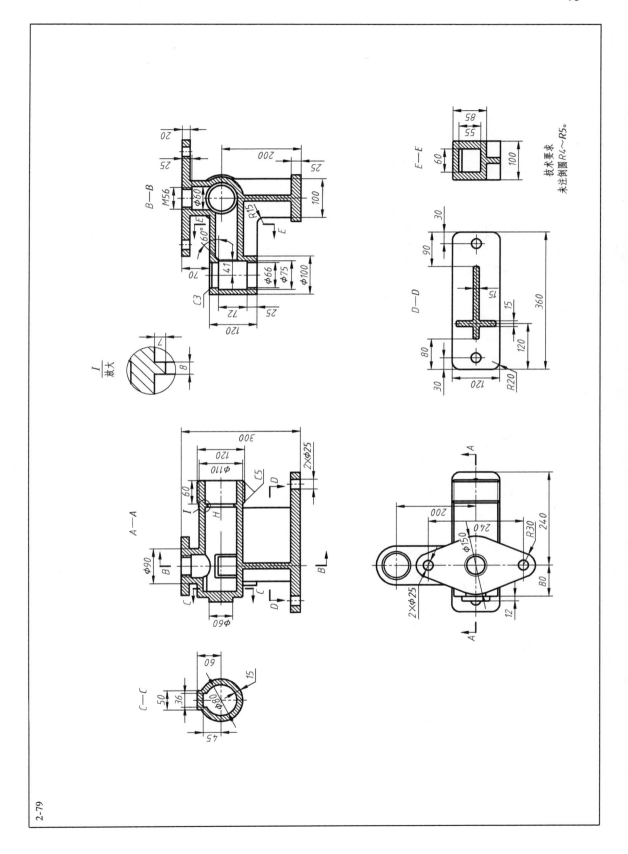

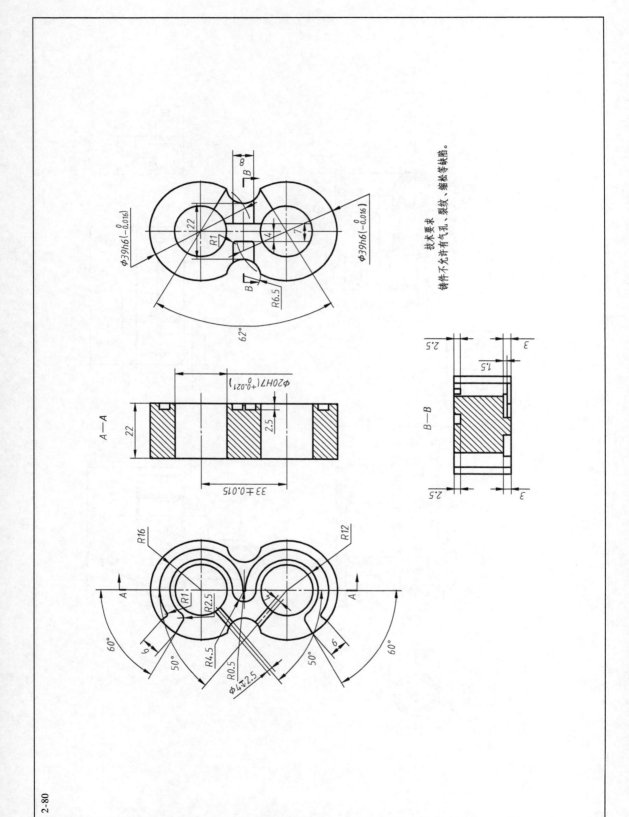

技术要求

铸件不允许有气孔、裂纹、缩松等缺陷。

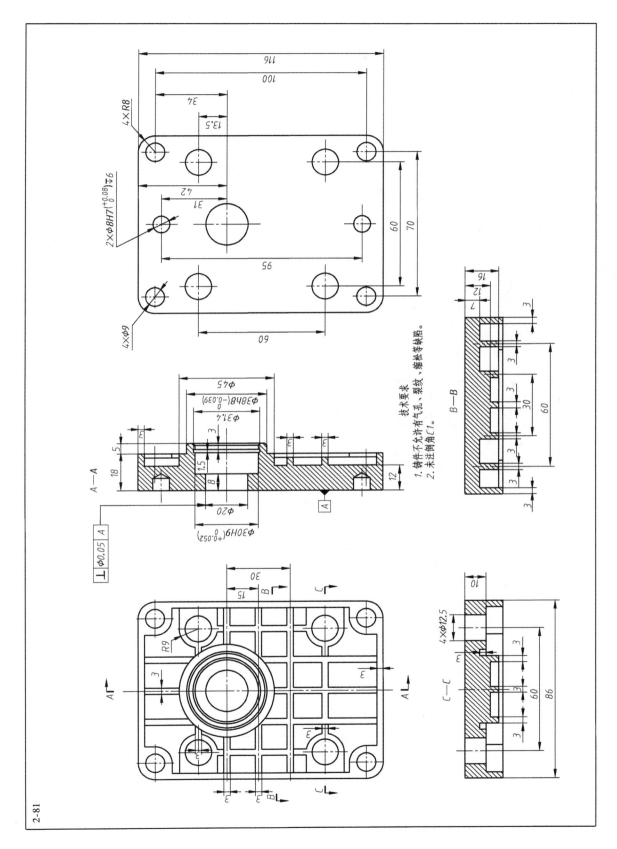

技术要求
1. 铸件不允许有气孔、裂纹、缩松等缺陷。
2. 未注倒角C1。

2-81

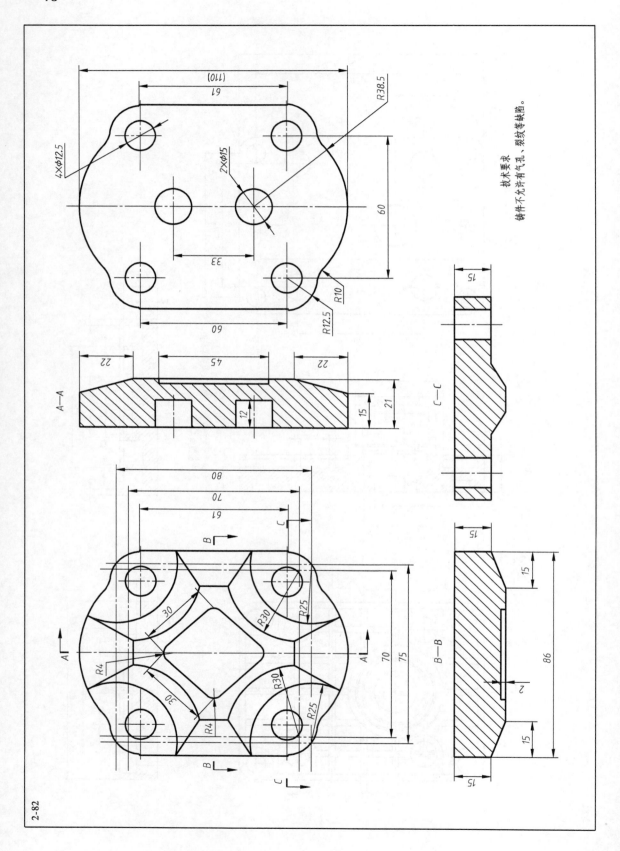

2-82

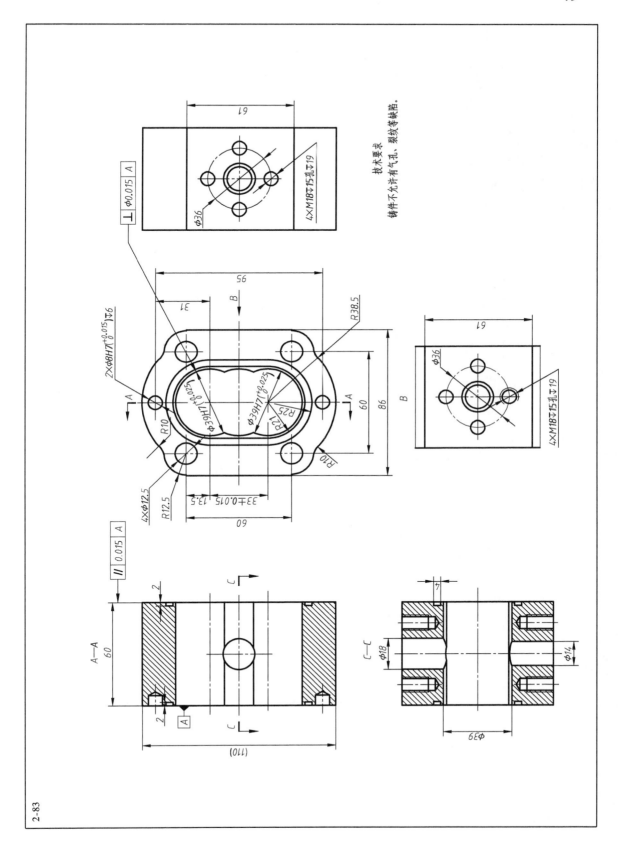

技术要求

铸件不允许有气孔、裂纹等缺陷。

· **80** ·

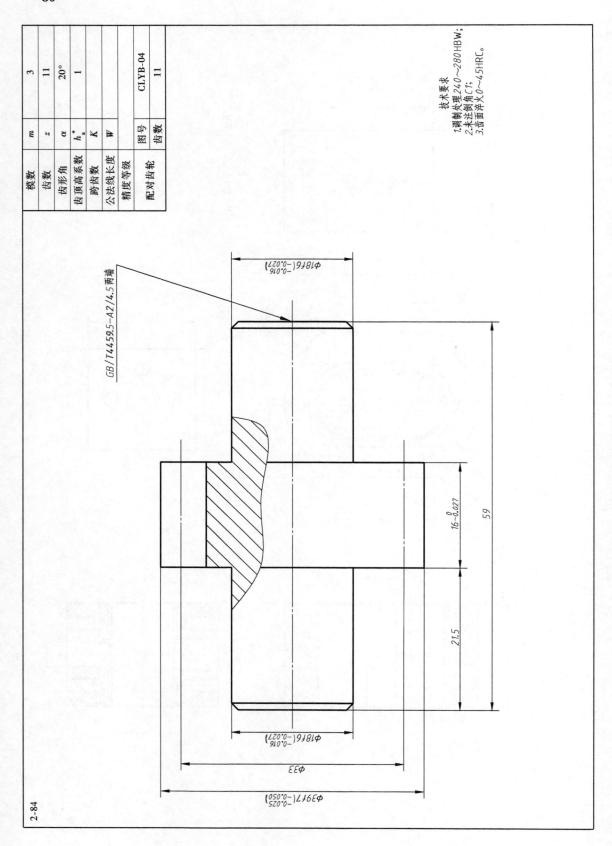

模数	m	3
齿数	z	11
齿形角	α	20°
齿顶高系数	h_a^*	1
跨齿数	K	
公法线长度	W	
精度等级	图号	CLYB-04
配对齿轮	齿数	11

技术要求
1.调制处理240~280HBW；
2.未注倒角C1；
3.齿面淬火0~45HRC。

2-84

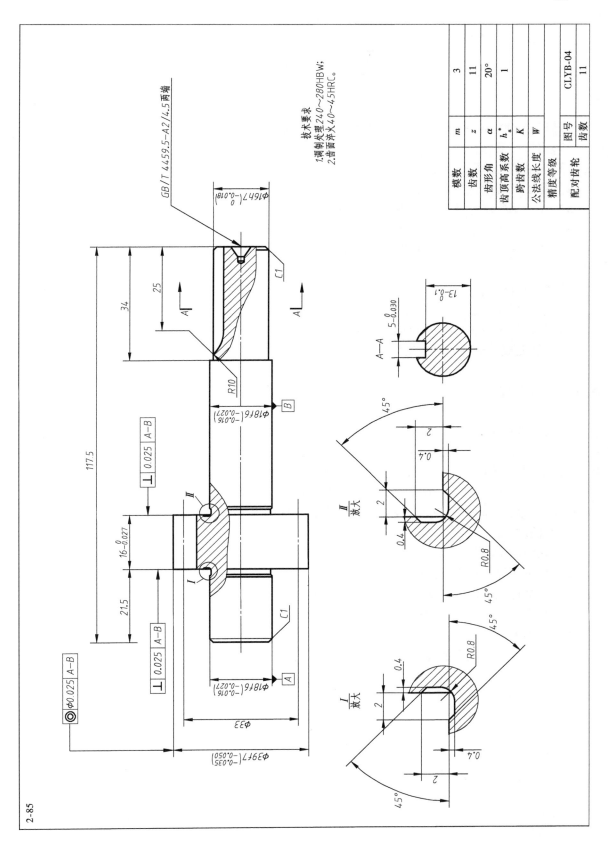

模数	m	3
齿数	z	11
齿形角	α	20°
齿顶高系数	h_a^*	1
跨测齿数	K	
公法线长度	W	
精度等级		
配对齿轮	图号	CLYB-04
	齿数	11

技术要求
1.调制处理240~280HBW;
2.齿面淬火40~45HRC。

2-85

第3章 综合项目

本部分为典型机械部件三维建模以及高级出图综合项目。

【项目训练目标】

1) 能准确地读图、识图。

2) 能了解常用机械装置的工作原理。

3) 能正确判定零件的基本特征和附加特征。

4) 能根据图样准确完成三维建模。

5) 能根据机械装置的功能原理以及装置拆装顺序完成机械装置的装配。

6) 能进行正确的装配管理，完成爆炸图。

7) 能对部件进行高级出图。

8) 能根据需要制订图样模板。

9) 能运用工程软件完成 BOM 表的制订。

10) 能完成非标件的高级出图。

3.1 回油阀

回油阀是装在油管路的安全装置。正常供油时，阀门靠弹簧压力处于关闭状态，此时油沿实心箭头方向流动。当油管由于压力过大而超过弹簧压力时，油就顶开阀门。此时一部分油将沿空心箭头方向流回油箱，保证油管安全。弹簧压力靠螺杆调节，用螺母防止其松动；阀体与阀盖用 4 个双头螺柱连接，中间夹有橡胶垫片，以防止漏油；阀门两侧的小圆孔用于使进入阀门内腔的油流出；阀门内腔的小螺孔是工艺孔，供拆装阀门使用；罩子用于保护螺杆。

【训练要求】

1) 熟悉回油阀工作原理和装置结构特点。

2) 根据图样完成回油阀的非标件零件建模。

3) 根据国家标准号完成回油阀的标准件建模。

4) 根据装配图完成回油阀的装配，并进行装配管理。

5) 根据实际拆装顺序，完成组件爆炸图。

6) 完成零件与装配的高级出图。

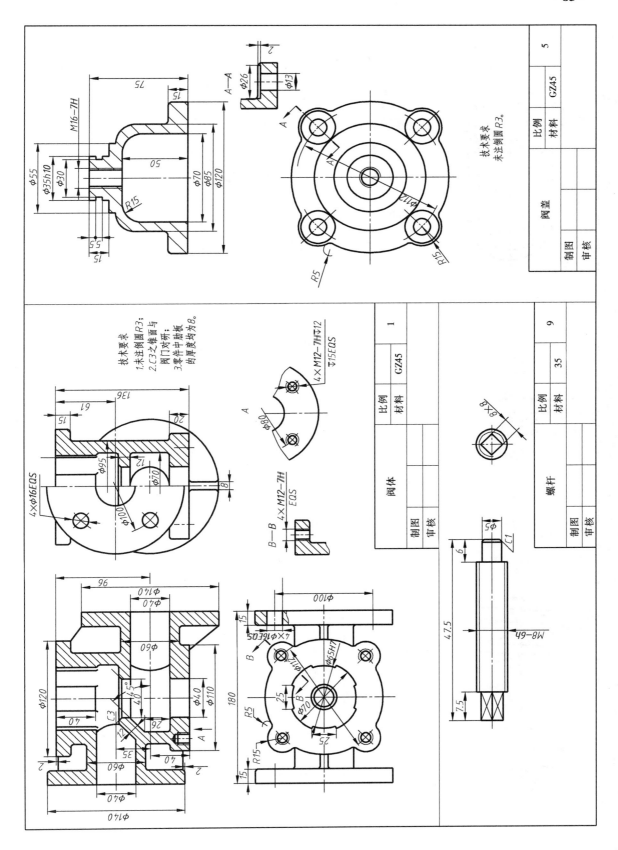

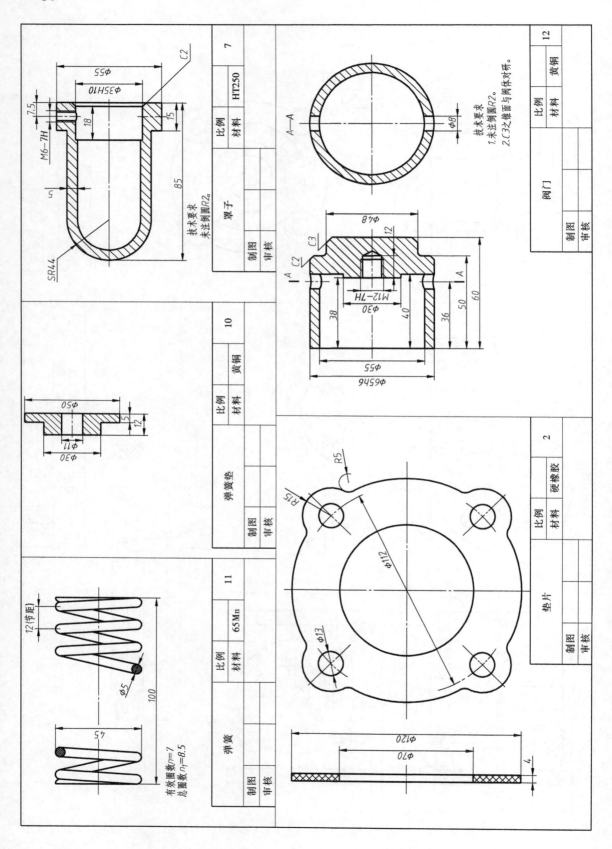

罩子

比例		7
材料	HT250	
制图		
审核		

未注倒圆 R_2。

技术要求

C2

SR44

M6-7H

$\phi 35H10$

$\phi 55$

7.5 18 5 15 85

弹簧垫

比例		10
材料	黄铜	
制图		
审核		

$\phi 50$ $\phi 11$ $\phi 30$ 5 12

弹簧

比例		11
材料	65Mn	
制图		
审核		

12(节距)

$\phi 5$

45 100

有效圈数 $n=7$
总圈数 $n_1=8.5$

阀门

比例		12
材料	黄铜	
制图		
审核		

A—A

$\phi 8$

技术要求
1. 未注倒圆 R_2。
2. C3之锥面与阀体对研。

C3 C2 M12-7H $\phi 30$ $\phi 48$ 12 40 36 50 60

A A 38 $\phi 55$ $\phi 65$ $\phi 94$

垫片

比例		2
材料	硬橡胶	
制图		
审核		

R5 R15 $\phi 112$ $\phi 13$

$\phi 120$ $\phi 70$ 4

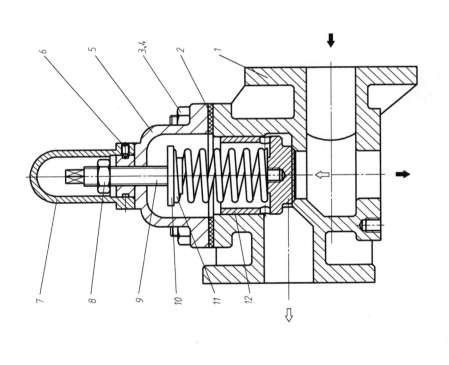

序号	名　称	数量	材料	备注
12	阀门	1	黄铜	
11	弹簧	1	65Mn	
10	弹簧垫	1	黄铜	
9	螺杆	1	35	
8	螺母 M16	1	45	
7	罩子	1	HT250	
6	紧定螺钉	1	45	
5	阀盖	1	GZ45	
4	螺柱 M12×32	4	45	
3	螺母 M12	4	45	
2	垫片	1	硬橡胶	
1	阀体	1	GZ45	

回油阀　比例　材料

制图　审核

3.2　台虎钳

台虎钳是一种常用夹具，其利用螺杆的转动使导螺母带着活动钳体移动，从而夹住工件。其中，钳口铁用于保护活动钳体和固定钳体两夹持面不受磨损。

【训练要求】

1）熟悉台虎钳工作原理和装置结构特点。

2）根据图样完成台虎钳的非标件零件建模。

3）根据国家标准号完成台虎钳的标准件建模。

4）根据装配图完成台虎钳的装配，并进行装配管理。

5）根据实际拆装顺序，完成组件爆炸图。

6）完成零件与装配的高级出图。

· 87 ·

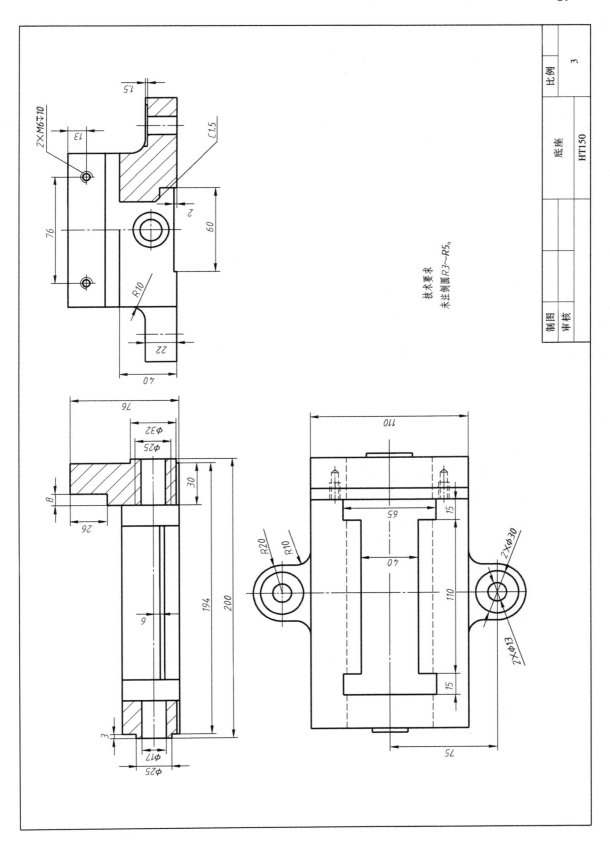

技术要求
未注倒圆R3~R5。

比例	3
底座	
HT150	
制图	
审核	

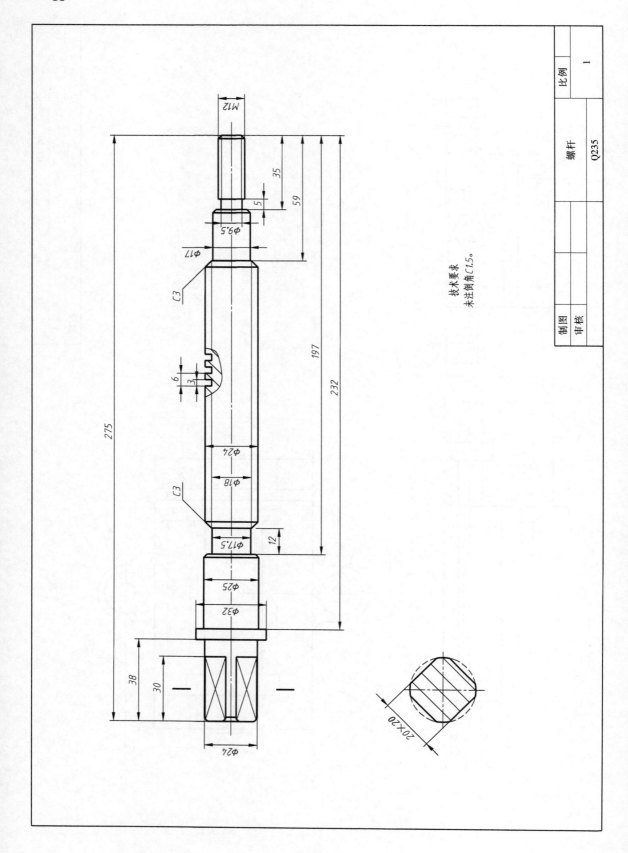

技术要求
未注倒角C1.5。

螺杆

Q235

| 比例 | 1 |

制图

审核

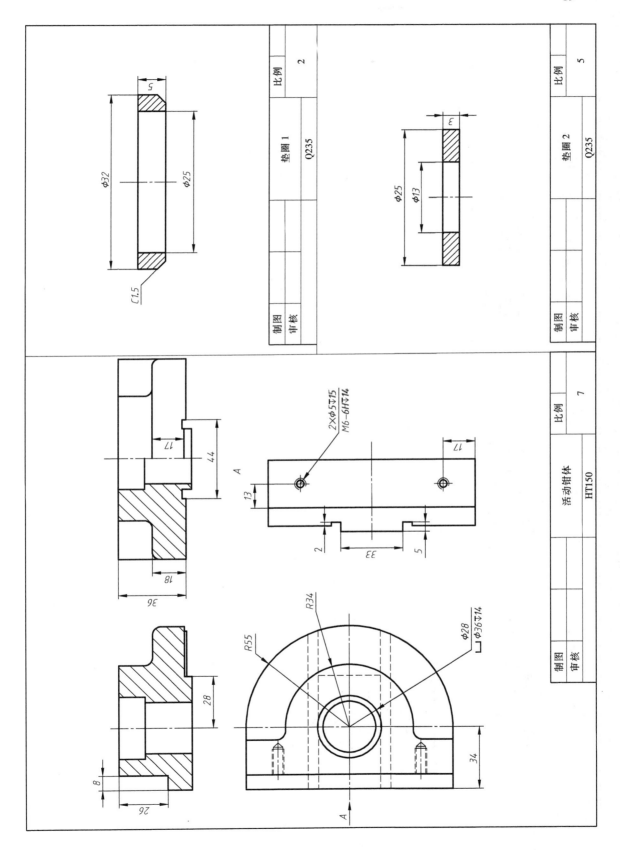

垫圈 1		比例	2
	Q235		
制图			
审核			

垫圈 2		比例	5
	Q235		
制图			
审核			

活动钳体		比例	7
	HT150		
制图			
审核			

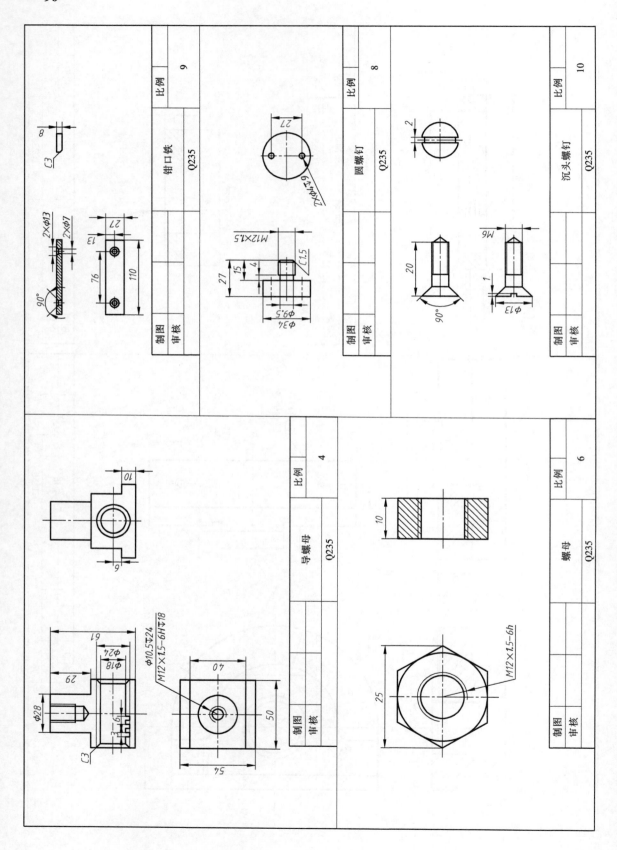

钳口铁　Q235　比例　9　制图　审核

2×φ13
2×φ7
90°
27
13
76
110
8
C3

2×φ9.6⏊2
M12×1.5
C1.5
27
15
4
φ9.5
φ34

圆螺钉　Q235　比例　8　制图　审核

2
90°
M6
20
1
φ13

沉头螺钉　Q235　比例　10　制图　审核

导螺母　Q235　比例　4　制图　审核

10
6
61
φ24
φ18
29
Φ28
M12×1.5-6H⏊18
φ10.5⏊24
C3
3×φ6
40
54
50

螺母　Q235　比例　6　制图　审核

10
25
M12×1.5-6h

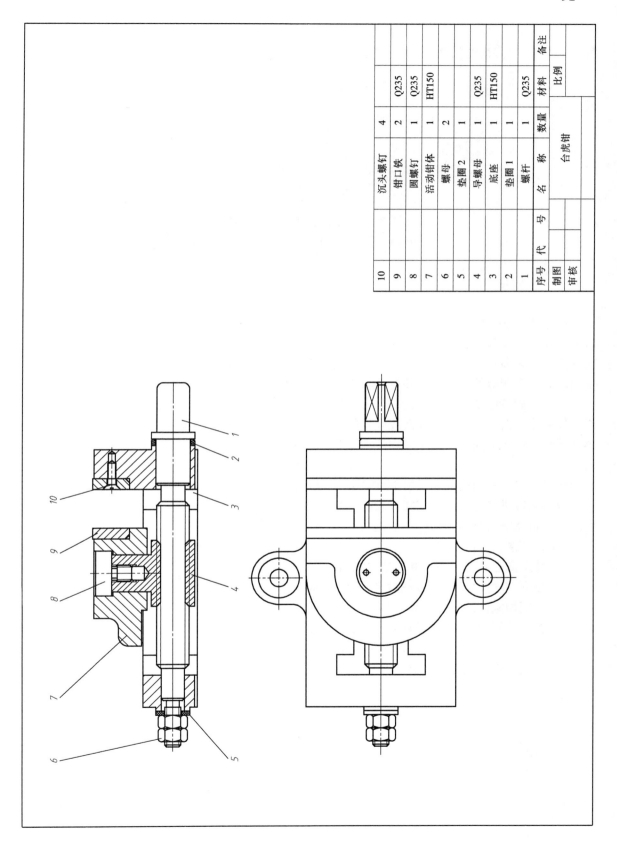

序号	代号	名称	数量	材料	备注
10		沉头螺钉	4		
9		钳口铁	2	Q235	
8		圆螺钉	1	Q235	
7		活动钳体	1	HT150	
6		螺母	2		
5		垫圈2	1		
4		导螺母	1	Q235	
3		底座	1	HT150	
2		垫圈1	1		
1		螺杆	1	Q235	
序号	代号	名称	数量	材料	备注
制图		台虎钳		比例	
审核					

3.3 GC 型卧式多级离心泵

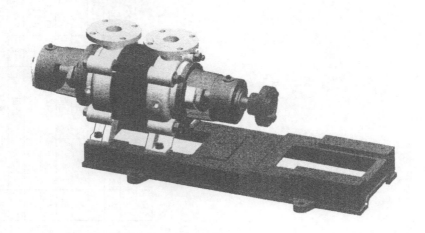

离心泵的基本部件是高速旋转的叶轮和固定的蜗形泵壳。具有若干个（通常为 4～12 个）后弯叶片的叶轮紧固于泵轴上，并随泵轴由电动机驱动作高速旋转。叶轮是直接对泵内液体做功的部件，为离心泵的供能装置。泵壳中央的吸入口与吸入管路相连接，吸入管路的底部装有单向阀。泵壳侧旁的排出口与装有调节阀的排出管路相连接。当离心泵起动后，泵轴带动叶轮一起作高速旋转运动，迫使预先充灌在叶片间的液体旋转，在离心力的作用下，液体自叶轮中心向外周作径向运动。液体在流经叶轮的运动过程中获得了能量，静压增高，流速增大。当液体离开叶轮进入泵壳后，由于壳内流道逐渐扩大而减速，部分动能转化为静压，最后沿切向流入排出管路。所以蜗形泵壳不仅是汇集由叶轮流出液体的部件，而且是一个转能装置。在液体自叶轮中心甩向外周的同时，叶轮中心形成低压区，在贮槽液面与叶轮中心总势能差的作用下，液体被吸进叶轮中心。依靠叶轮的不断运转，液体便连续地被吸入和排出。液体在离心泵中获得的机械能最终表现为静压的提高。

【训练要求】

1）熟悉离心泵工作原理和装置结构特点。

2）根据图样完成离心泵的非标件零件建模。

3）根据国家标准号完成离心泵的标准件建模。

4）根据装配图完成离心泵的装配，并进行装配管理。

5）根据实际拆装顺序，完成组件爆炸图。

6）完成零件与装配的高级出图。

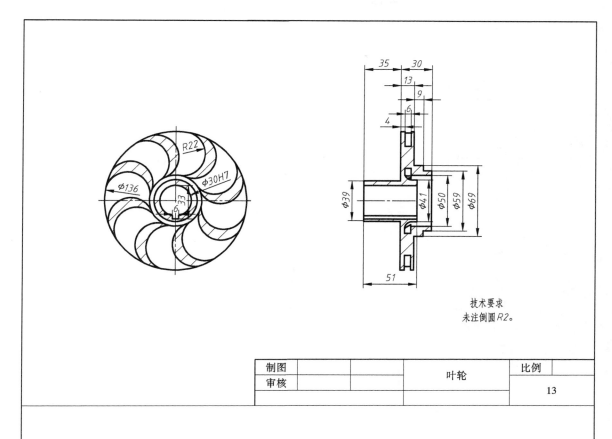

技术要求
未注倒圆R2。

制图			叶轮	比例	
审核					13

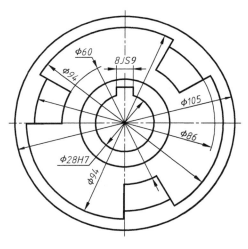

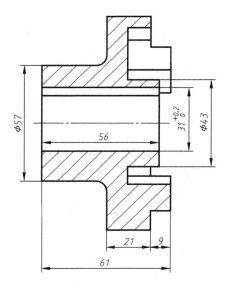

技术要求
未注倒圆R3。

制图			三爪	比例	
审核					2

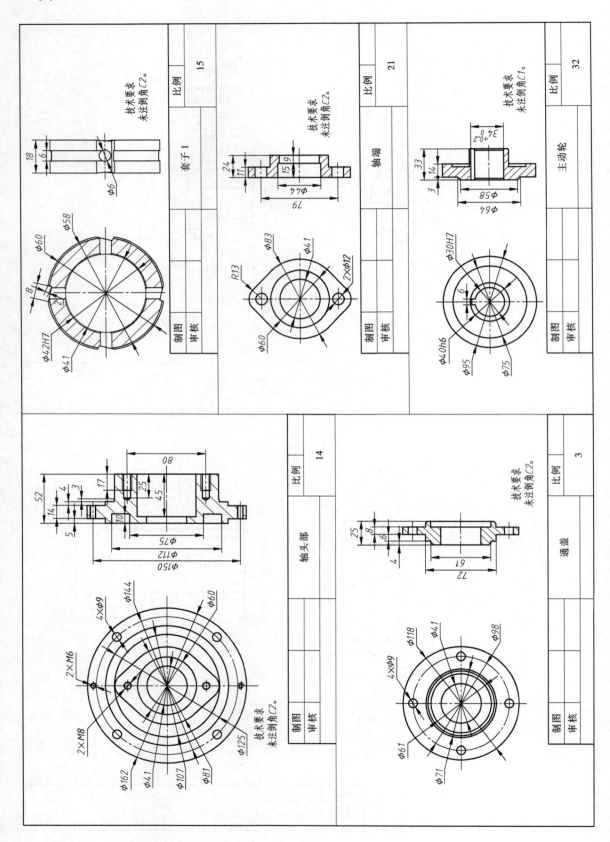

技术要求
未注倒角C2。

比例 15

套子1

制图
审核

φ58
φ60
φ42H7
φ41
8
2

18
6
φ6

技术要求
未注倒角C2。

比例 21

轴端

制图
审核

R13
φ83
φ41
2×φ12
φ60

24
17
15.9
φ44
79

技术要求
未注倒角C1。

比例 32

主动轮

制图
审核

φ30H7
φ40h6
φ95
φ75
6

33
14
3
$34_{-0.2}^{0}$
φ58
φ64

技术要求
未注倒角C2。

比例 14

轴头部

制图
审核

φ144
φ60
4×φ9
2×M6
2×M8
φ125
φ162
φ41
φ107
φ81

52
14
5
4
3
10
17
25
45
80
φ75
φ112
φ150

技术要求
未注倒角C2。

比例 3

通盖

制图
审核

4×φ9
φ118
φ41
φ98
φ61
φ71

25
8
6
4
72
19

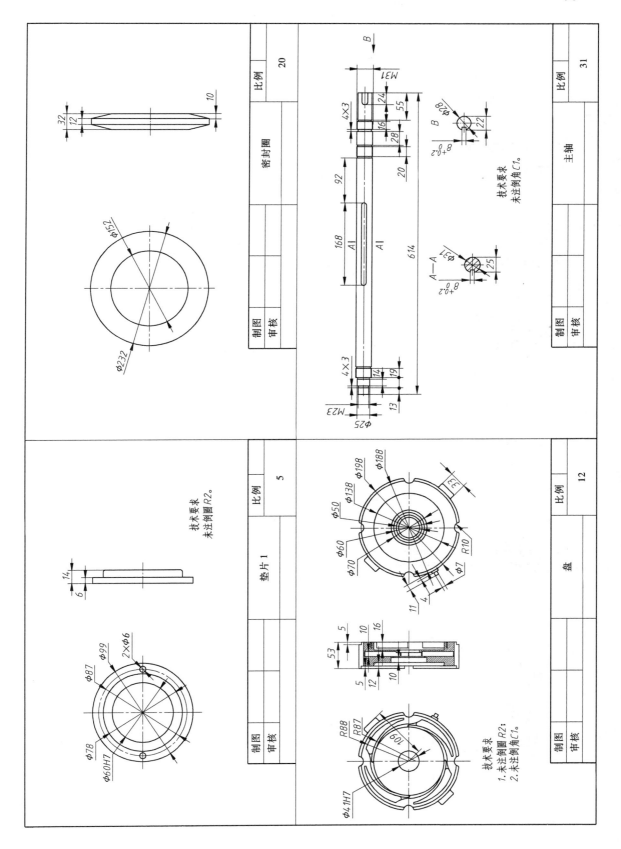

密封圈

技术要求
未注倒圆R2。

比例 20

制图
审核

主轴

技术要求
未注倒角C1。

比例 31

制图
审核

垫片1

技术要求
未注倒圆R2。

比例 5

制图
审核

盘

技术要求
1. 未注倒圆R2；
2. 未注倒角C1。

比例 12

制图
审核

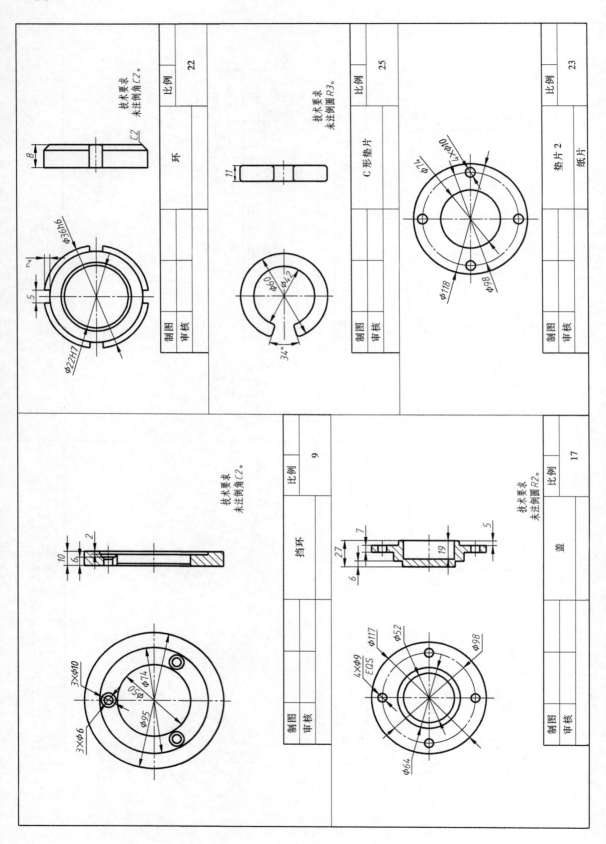

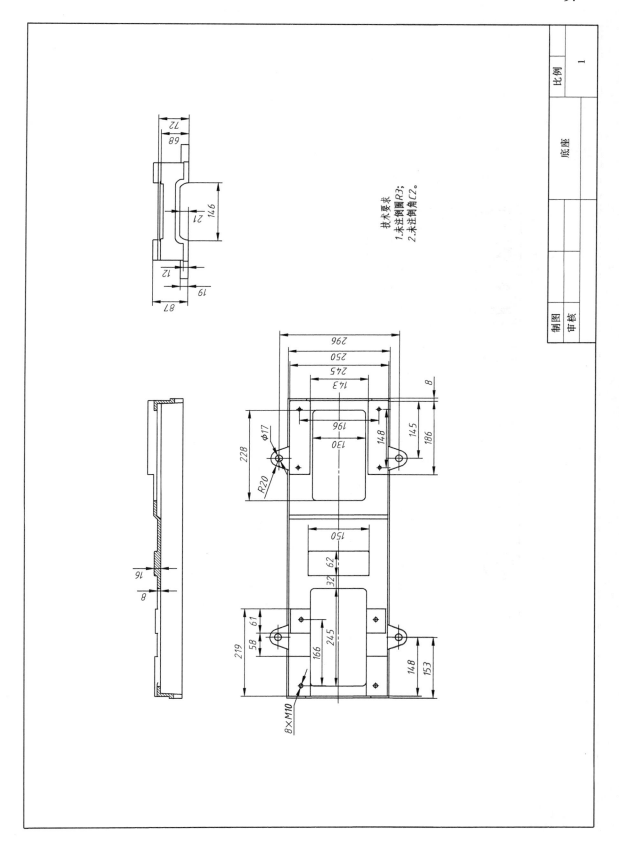

技术要求
1.未注倒圆圆 R3;
2.未注倒角 C2。

底座

比例　1

制图
审核

8×M10

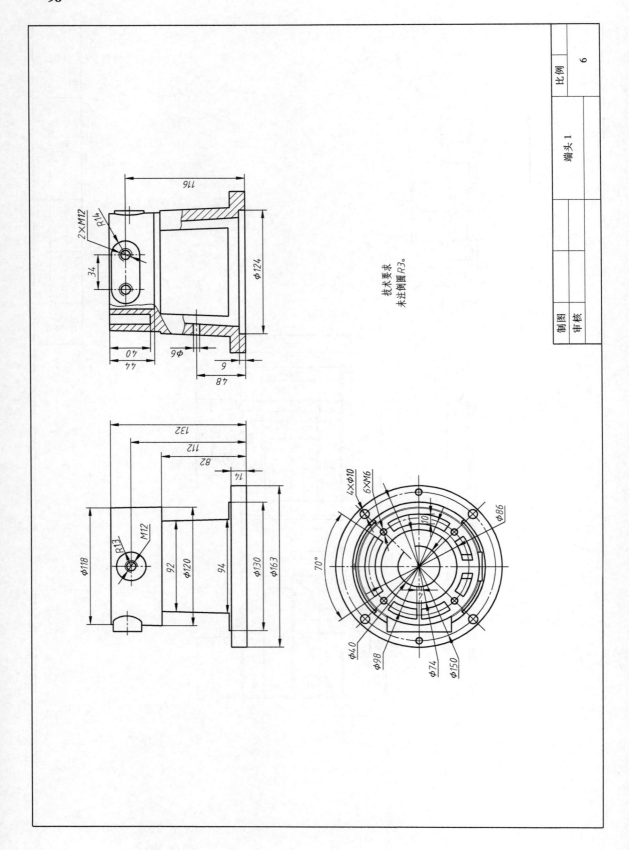

· 98 ·

技术要求
未注倒圆 R3。

端头 1

比例

6

制图

审核

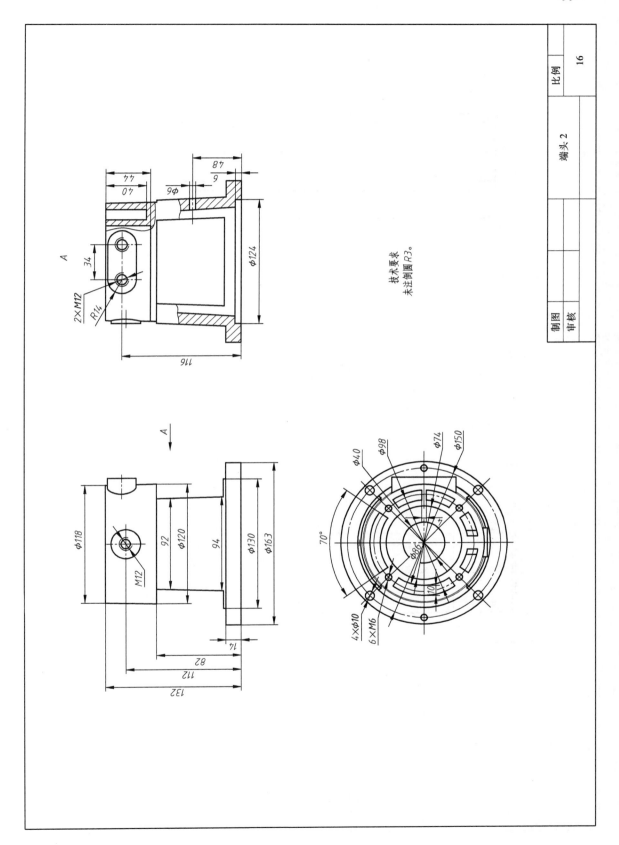

技术要求
未注倒圆R3。

端头 2

比例 16

制图 审核

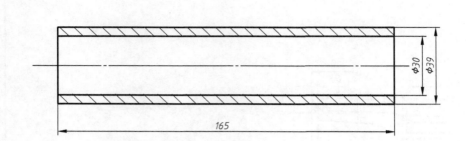

技术要求
未注圆角R1。

制图			长轴套	比例	
审核				33	

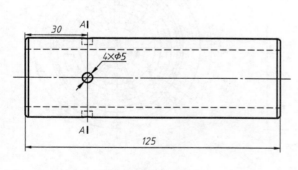

技术要求
未注倒角C1。

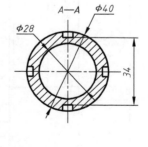

制图			短轴套	比例	
审核				24	

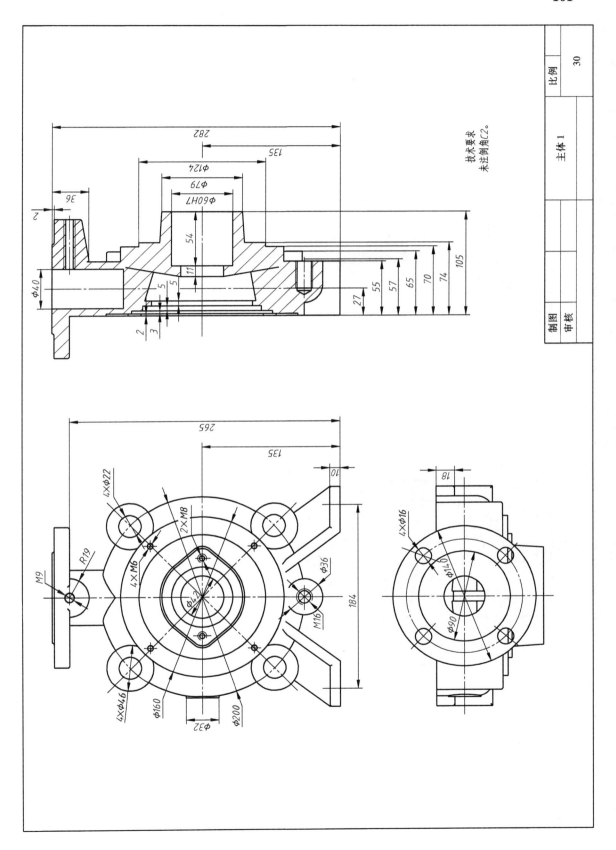

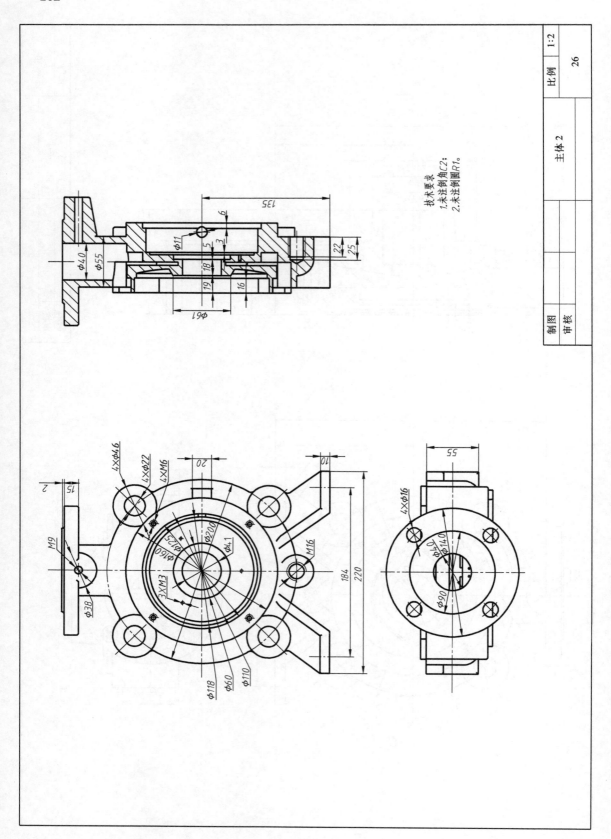

技术要求
1.未注倒角C2;
2.未注倒圆R1。

主体2

比例 1:2
26

制图
审核

序号	代号	名称	数量	材料	比例	备注
34		普通平键 8×18	1			
33		长轴套	1			
32		主动轮	1			
31		主轴	1			
30		主体 1	1			
29		平垫圈 M10	4			
28		六角螺钉 M10	4			
27		六角螺钉 M12	1			
26		主体 2	1			
25		C 型垫片	5			
24		短轴套	1			
23		垫片 2	1			
22		环	1			
21		轴端	2			
20		密封圈	2			
19		轴承 6306	2			
18		六角头螺栓 M8	12			
17		盖	1			
16		端头 2	1			
15		套子 1	2			
14		轴头部	1			
13		叶轮	3			
12		盘	2			
11		螺杆	4			
10		平垫圈 M16	8			
9		挡环	1			
8		六角螺钉 M8	8			
7		长轴套	1			
6		端头 1	1			
5		垫片 1	1			
4		六角螺母 M14	8			
3		通盖	1			
2		三爪	1			
1		底座	1			

GC 卧式多级离心泵

制图　审核

3.4　旋转开关

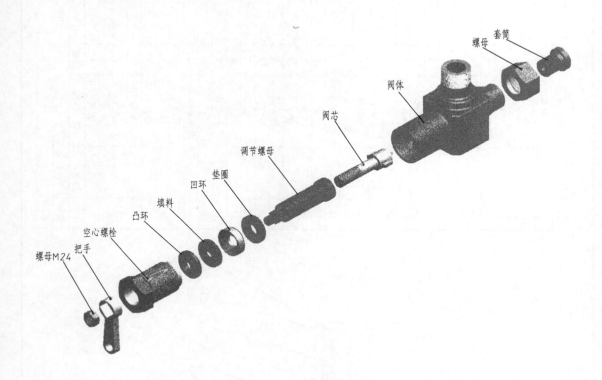

本专项训练摘自全国 CAD 等级考证（三维数字建模师）考题。

旋转开关主要安装在液体、气体的管路上，以调节液体、气体的流量和压力。使用时，转动把手带动调节螺母转动，通过左旋螺纹与阀门左旋螺纹连接，驱动阀门向右或向左移动来改变阀体腔内右边孔通路的截面积，从而调节上端出口管路中液体、气体的流量和压力的大小。

【训练要求】

1）熟悉旋转开关工作原理和装置结构特点。

2）根据图样完成回油阀的非标件零件建模。

3）根据国家标准号完成旋转开关的标准件建模。

4）根据装配图完成旋转开关的装配，并进行装配管理。

5）根据实际拆装顺序，完成组件爆炸图。

6）完成零件与装配的高级出图。

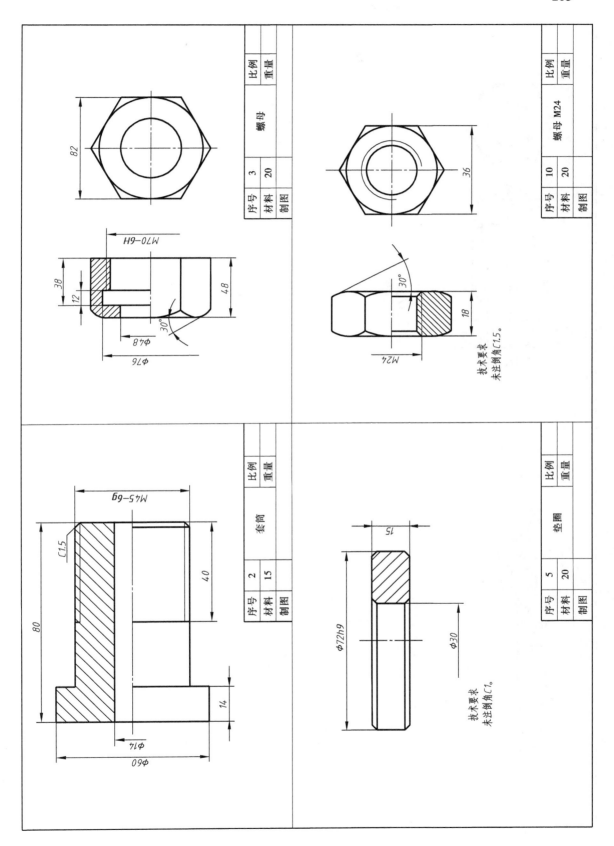

螺母

序号	3	比例	
材料	20	重量	
制图			

M70-6H
82
38
12
48
Φ76
30°
Φ48

螺母 M24

序号	10	比例	
材料	20	重量	
制图			

36
30°
18
M24

技术要求
未注倒角C1.5。

套筒

序号	2	比例	
材料	15	重量	
制图			

M45-6g
C1.5
80
40
14
Φ14
Φ60

垫圈

序号	5	比例	
材料	20	重量	
制图			

15
Φ72h9
Φ30

技术要求
未注倒角C1。

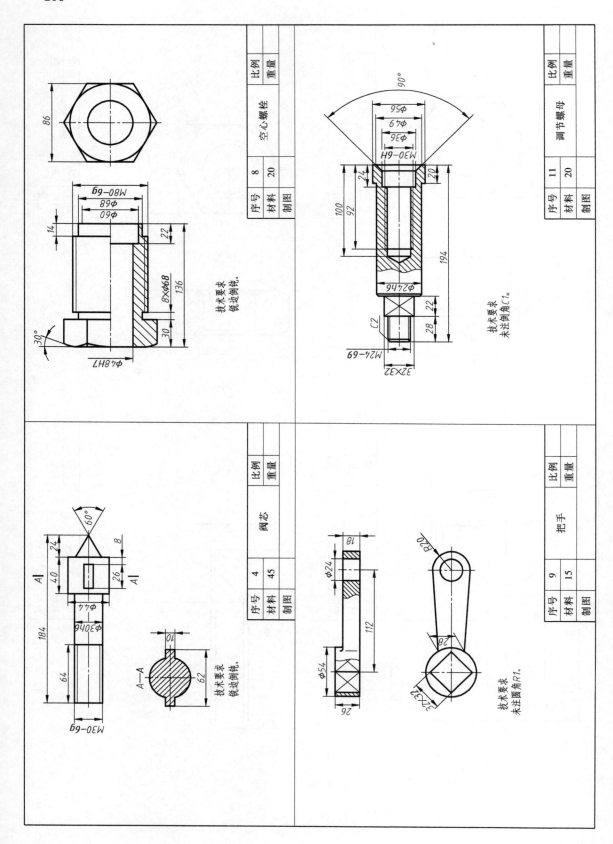

序号	8	比例	
		重量	
材料	20	空心螺栓	
制图			

技术要求
锐边倒钝。

序号	11	比例	
		重量	
材料	20	调节螺母	
制图			

技术要求
未注倒角C1。

序号	4	比例	
		重量	
材料	45	阀芯	
制图			

技术要求
锐边倒钝。

序号	9	比例	
		重量	
材料	15	把手	
制图			

技术要求
未注圆角R1。

· 107 ·

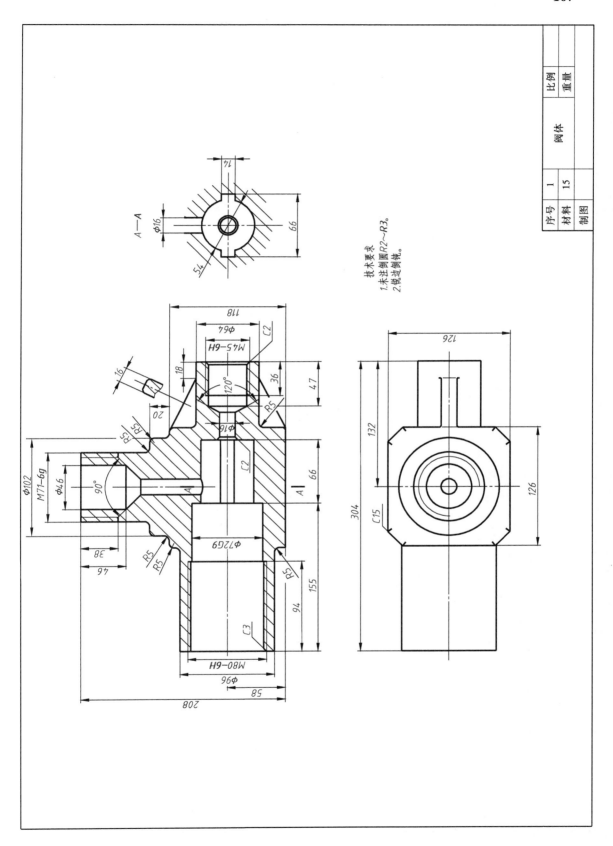

技术要求
1.未注倒圆R2~R3。
2.锐边倒钝。

比例		重量	
	阀体		
序号	1		
材料	15		
制图			

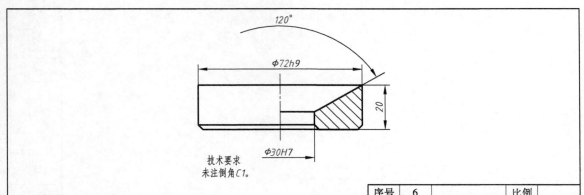

技术要求
未注倒角C1。

序号	6	凹环	比例	
材料	20		重量	
制图				

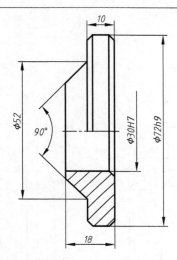

技术要求
未注倒角C1。

序号	12	凸环	比例	
材料	20		重量	
制图				

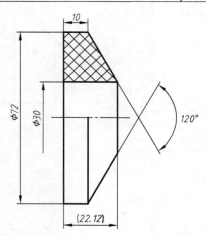

序号	7	填料	比例	
材料	橡胶		重量	
制图				

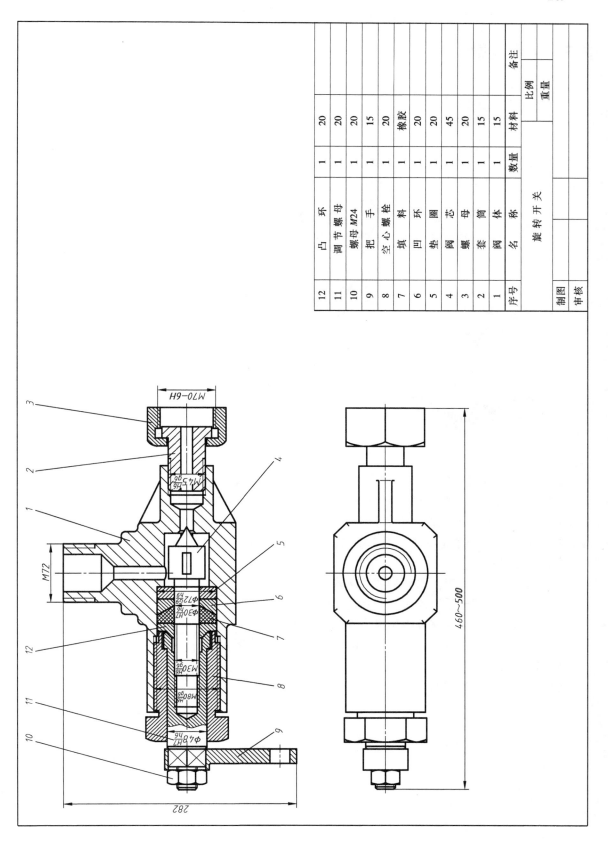

序号	名称	数量	材料	备注
12	凸　　环	1	20	
11	调节螺母	1	20	
10	螺母 M24	1	20	
9	手　　把	1	15	
8	空心螺栓	1	20	
7	填　　料	1	橡胶	
6	凹　　环	1	20	
5	垫　　圈	1	20	
4	阀　　芯	1	45	
3	螺　　母	1	20	
2	阀　　套	1	15	
1	阀　　体	1	15	
序号	名　称	数量	材料	备注

旋转开关			比例	
			重量	
制图				
审核				

3.5　手用虎钳

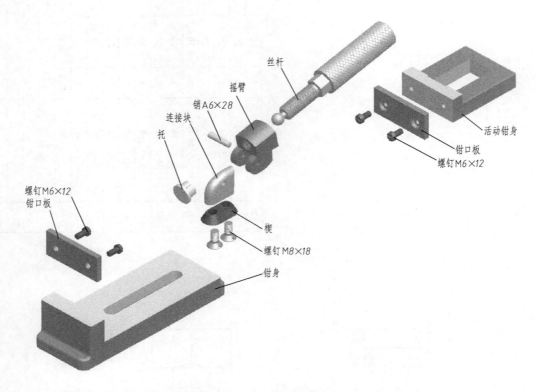

本专项训练摘自全国 CAD 等级考证（三维数字建模师）考题。

使用手用虎钳时，将工件放在两个钳口板之间，通过抬起丝杆即可快速移动活动钳身、摇臂、连接块及楔等，并使钳口板夹持工件；通过将丝杆向下压，摇臂下部圆弧半径的变化可带动连接块及楔上升与钳身固紧，再转动丝杆推动活动钳身将工件夹紧。

【训练要求】

1）熟悉手用虎钳工作原理和装置结构特点。

2）根据图样完成手用虎钳的非标件零件建模。

3）根据国家标准号完成手用虎钳的标准件建模。

4）根据装配图完成手用虎钳的装配，并进行装配管理。

5）根据实际拆装顺序，完成组件爆炸图。

6）完成零件与装配的高级出图。

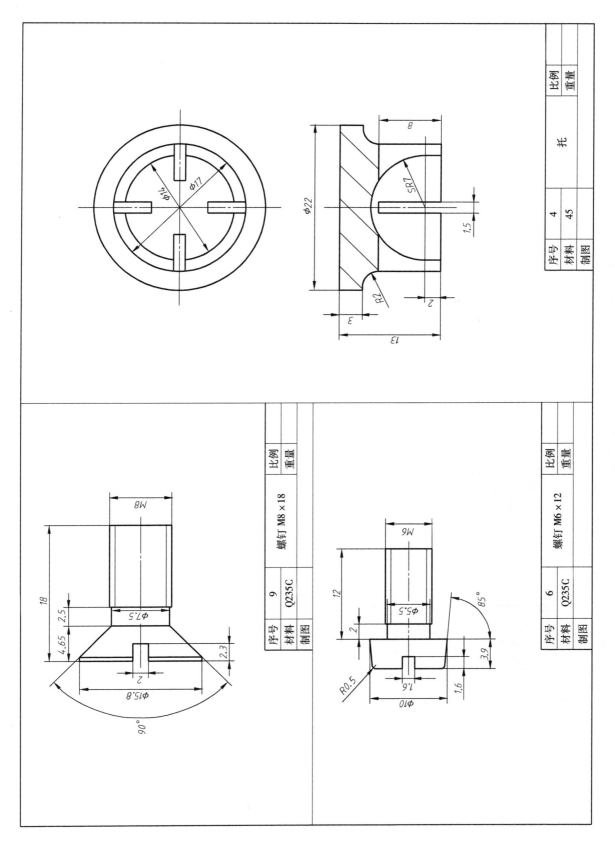

序号	4	比例	
材料	45	重量	
制图		托	

序号	9	比例	
材料	Q235C	重量	
制图		螺钉 M8×18	

序号	6	比例	
材料	Q235C	重量	
制图		螺钉 M6×12	

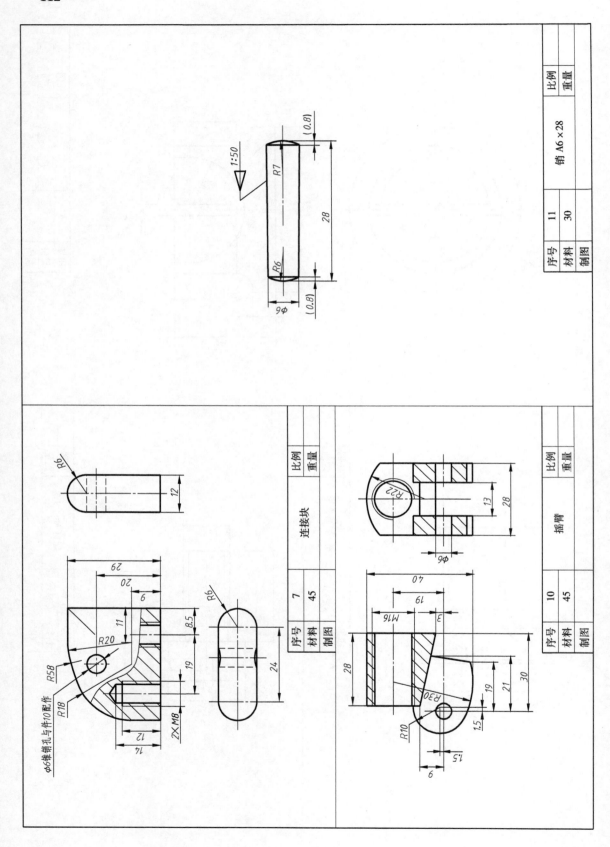

序号	材料	制图	比例	重量
11	30			
			销 A6×28	

序号	材料	制图	比例	重量
7	45			
			连接块	

序号	材料	制图	比例	重量
10	45			
			摇臂	

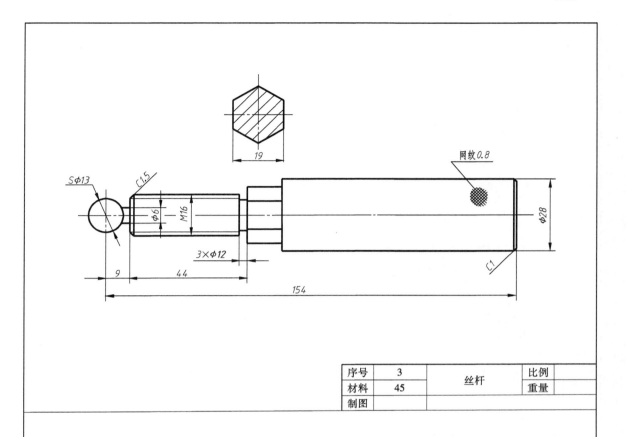

序号	3	丝杆	比例	
材料	45		重量	
制图				

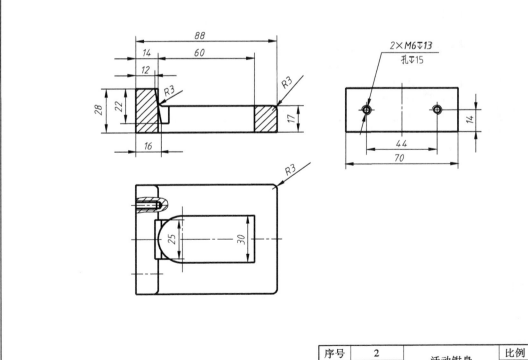

序号	2	活动钳身	比例	
材料	HT200		重量	
制图				

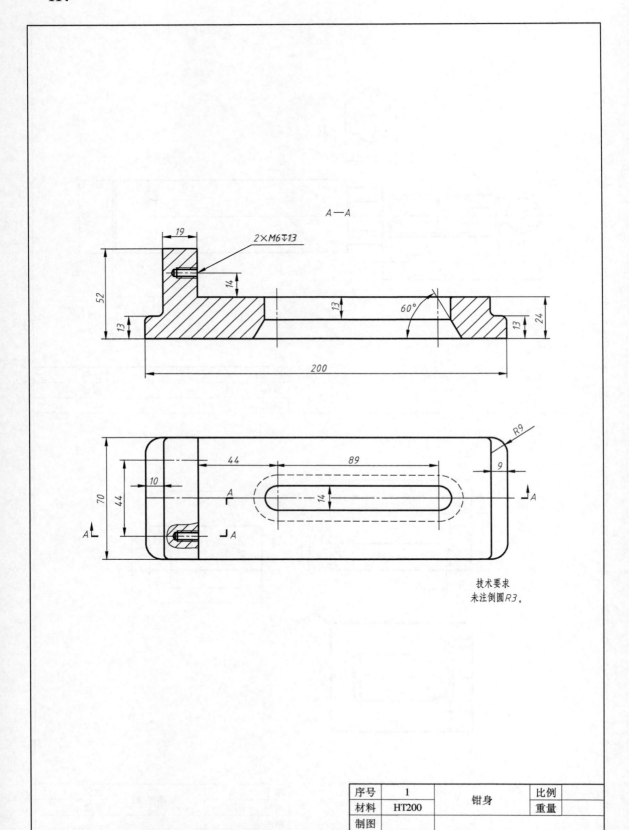

$A—A$

$2×M6\bar{\downarrow}13$

19

52

14

13

13

60°

24

13

200

R9

44

89

9

10

70

44

A

14

A

A

A

A

技术要求
未注倒圆R3。

序号	1	钳身	比例	
材料	HT200		重量	
制图				

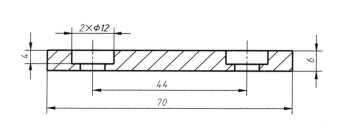

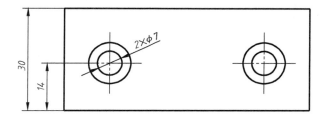

序号	5	钳口板	比例	
材料	45		重量	
制图				

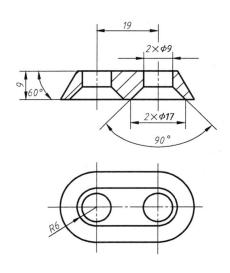

序号	8	楔	比例	
材料	30		重量	
制图				

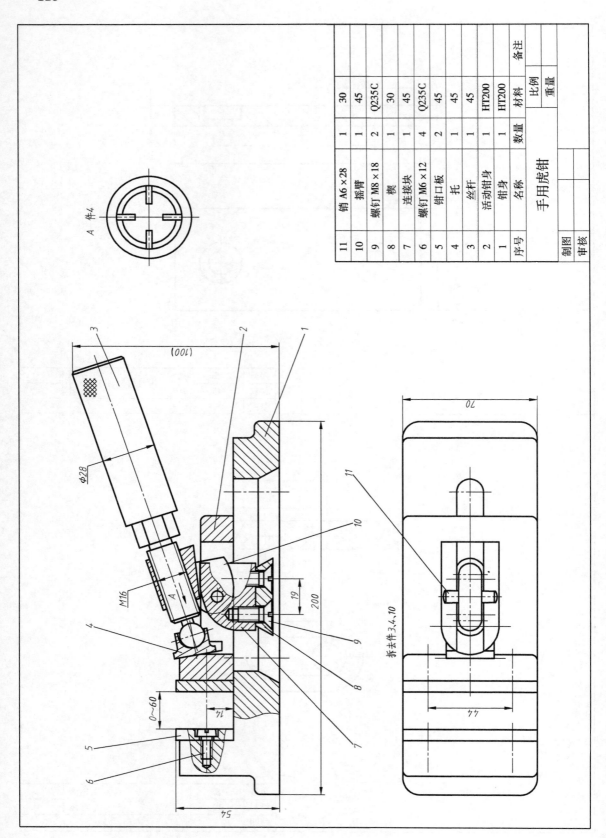

序号	名称	数量	材料	备注
11	销 A6×28	1	30	
10	摇臂	1	45	
9	螺钉 M8×18	2	Q235C	
8	楔	1	30	
7	连接块	1	45	
6	螺钉 M6×12	4	Q235C	
5	钳口板	2	45	
4	托	1	45	
3	丝杆	1	45	
2	活动钳身	1	HT200	
1	钳身	1	HT200	

手用虎钳

制图　审核　比例　重量

拆去件3、4、10

3.6 叶片转子油泵

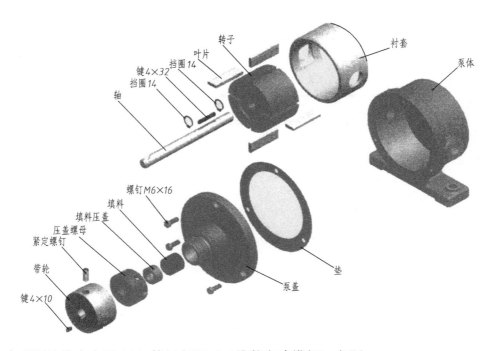

本专项训练摘自全国 CAD 等级考证（三维数字建模师）考题。

叶片转子油泵由泵体和两侧的管螺纹与油管相连，由转子的旋转方向确定进油口和出油口。泵体和转子之间因偏心而形成新月形空腔，带轮通过连接带动转子旋转；在离心力作用下，通过紧贴衬套内壁的叶片将新月形空腔分割为进油口侧逐渐变大的吸油腔和出油口侧逐渐变小的排油腔。叶片越过新月形空腔的中点后，吸油腔吸油结束变成储油腔，排油腔排油结束变成空油腔，储油腔又变成排油腔，空油腔又变成吸油腔……循环完成泵油过程。

【训练要求】

1）熟悉叶片转子油泵工作原理和装置结构特点。

2）根据图样完成叶片转子油泵的非标件零件建模。

3）根据国家标准号完成叶片转子油泵的标准件建模。

4）根据装配图完成叶片转子油泵的装配，并进行装配管理。

5）根据实际拆装顺序，完成组件爆炸图。

6）完成零件与装配的高级出图。

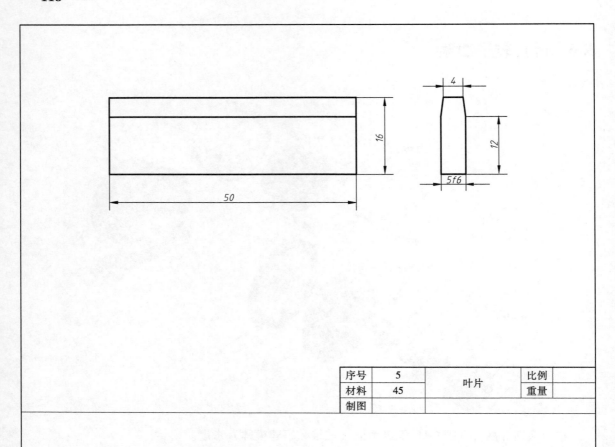

序号	5	叶片	比例	
材料	45		重量	
制图				

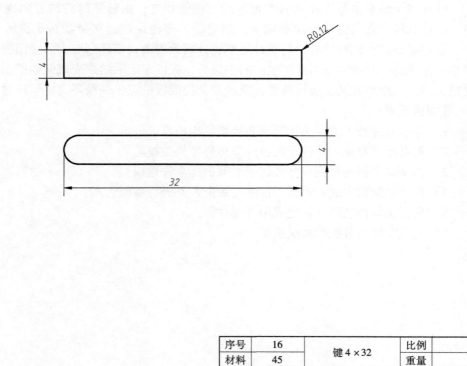

序号	16	键 4×32	比例	
材料	45		重量	
制图				

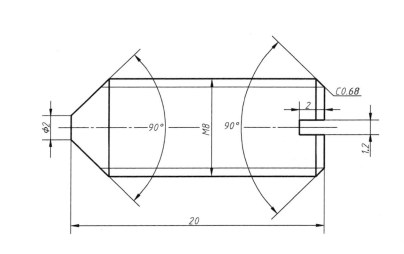

序号	11	紧定螺钉	比例	
材料	35		重量	
制图				

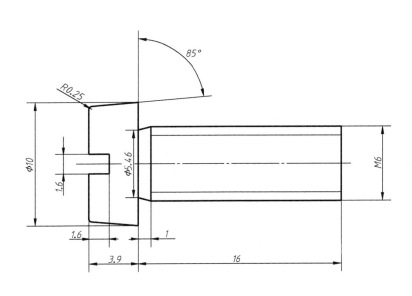

序号	7	螺钉 M6×16	比例	
材料	35		重量	
制图				

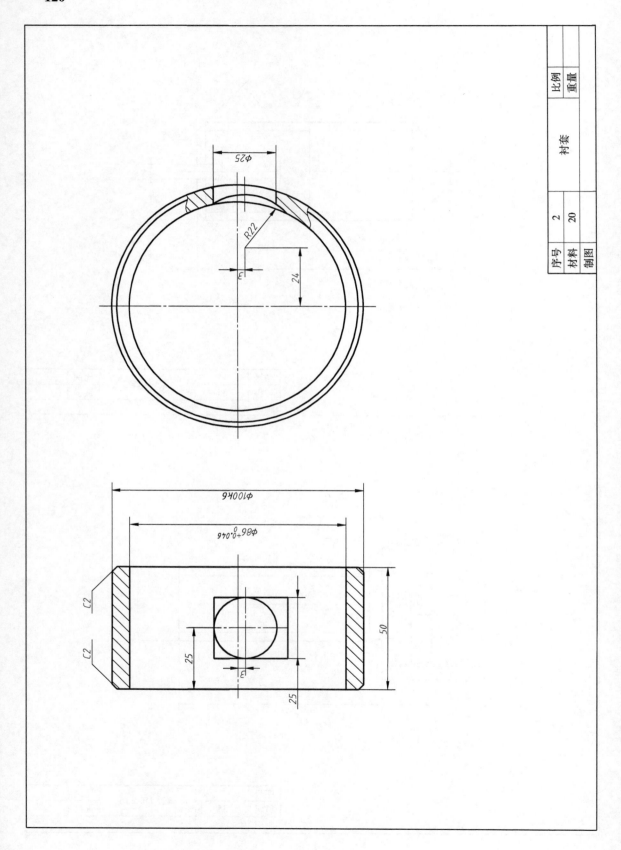

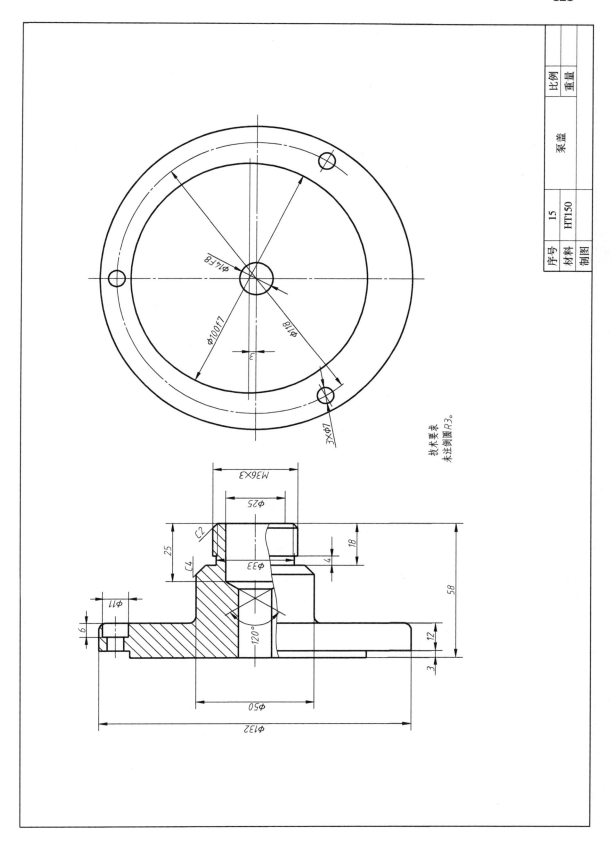

技术要求
未注铸圆圆角R3。

泵盖

序号	15	比例	
材料	HT150	重量	
制图			

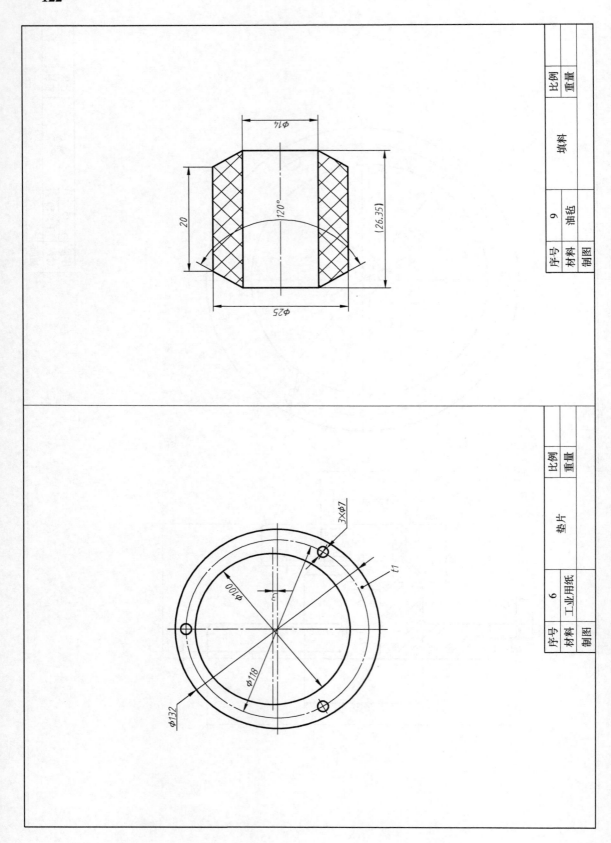

填料

9	油毡
序号	材料	制图

比例
重量

$\phi14$

$120°$

20

(26.35)

$\phi25$

垫片

6	工业用纸
序号	材料	制图

比例
重量

$3\times\phi7$

$t1$

$\phi100$

3

$\phi118$

$\phi132$

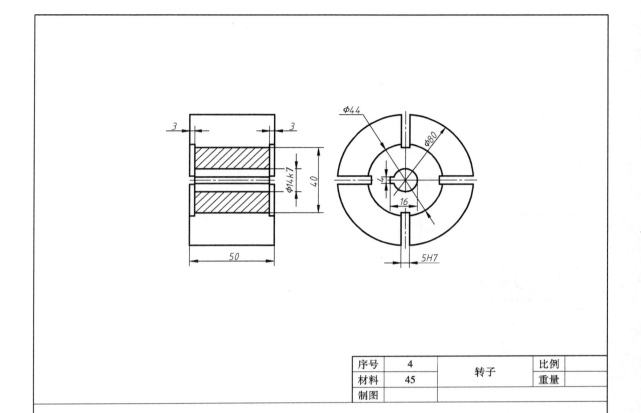

序号	4	转子	比例	
材料	45		重量	
制图				

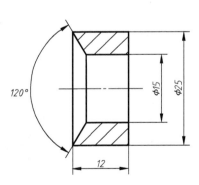

序号	14	填料压盖	比例	
材料	Q235-A		重量	
制图				

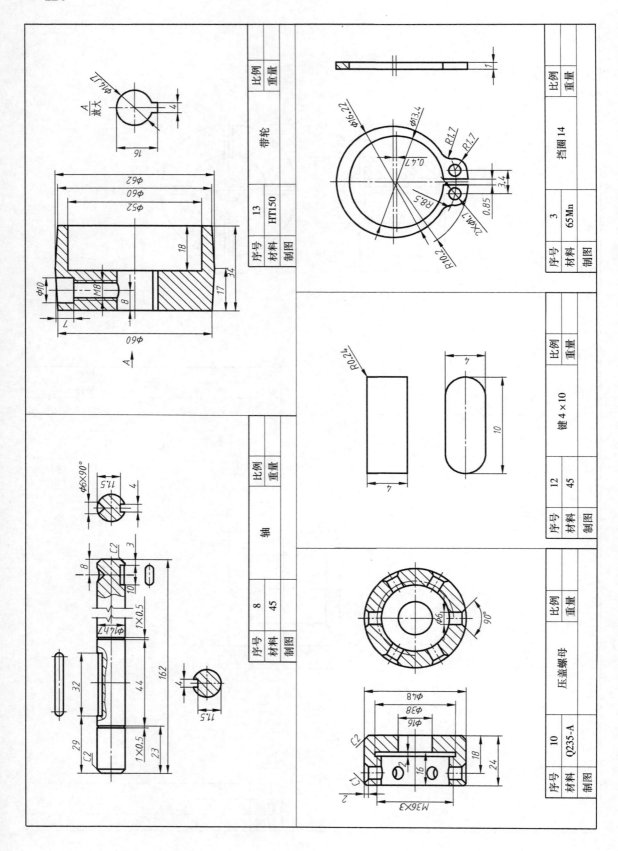

序号	13	比例	
		重量	
材料	HT150	带轮	
制图			

序号	3	比例	
		重量	
材料	65Mn	挡圈 14	
制图			

序号	8	比例	
		重量	
材料	45	轴	
制图			

序号	12	比例	
		重量	
材料	45	键 4×10	
制图			

序号	10	比例	
		重量	
材料	Q235-A	压盖螺母	
制图			

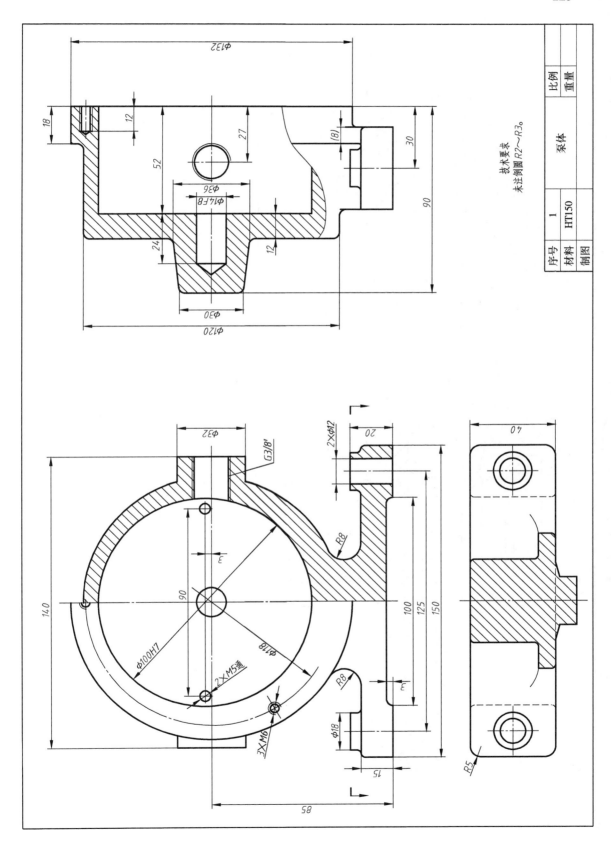

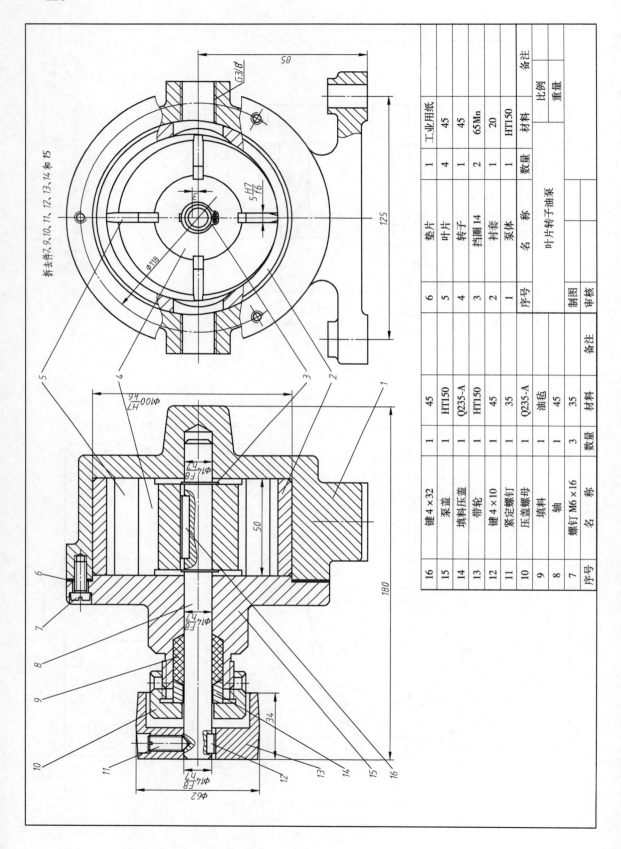

16	键 4×32	1	45
15	泵盖	1	HT150
14	填料压盖	1	Q235-A
13	带轮	1	HT150
12	键 4×10	1	45
11	紧定螺钉	1	35
10	压盖螺母	1	Q235-A
9	填料	1	油毡
8	轴	1	45
7	螺钉 M6×16	3	35
序号	名 称	数量	材料	备注

6	垫片	1	工业用纸	
5	叶片	4	45	
4	转子	1	45	
3	挡圈 14	2	65Mn	
2	衬套	1	20	
1	泵体	1	HT150	
序号	名 称	数量	材料	备注

叶片转子油泵

制图　审核　比例　重量

拆去件7、9、10、11、12、13、14 和 15

3.7　偏心柱塞泵

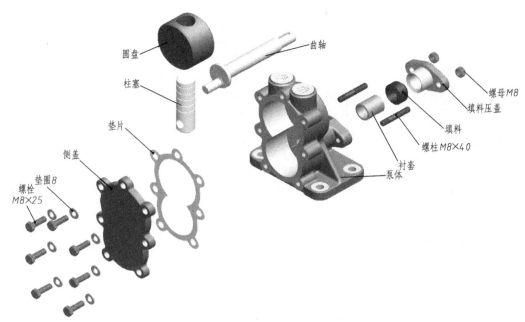

本专项训练摘自全国 CAD 等级考证（三维数字建模师）考题。

偏心柱塞泵是靠曲轴的旋转运动，并通过曲轴上的偏心销带动柱塞作往复运动，同时又迫使圆盘作摇摆运动，从而使泵体内液体增压的装置。

【训练要求】

1）熟悉偏心柱塞泵工作原理和装置结构特点。

2）根据图样完成偏心柱塞泵的非标件零件建模。

3）根据国家标准号完成偏心柱塞泵的标准件建模。

4）根据装配图完成偏心柱塞泵的装配，并进行装配管理。

5）根据实际拆装顺序，完成组件爆炸图。

6）完成零件与装配的高级出图。

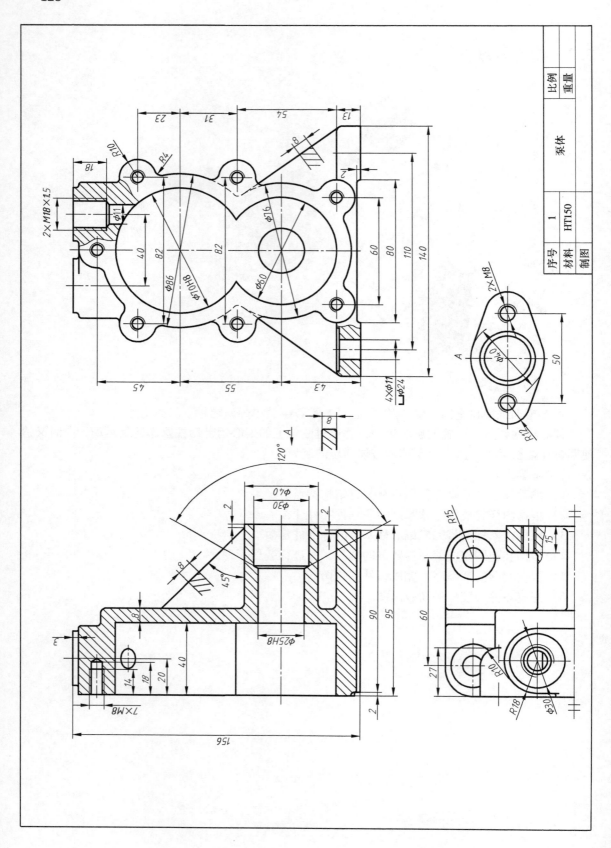

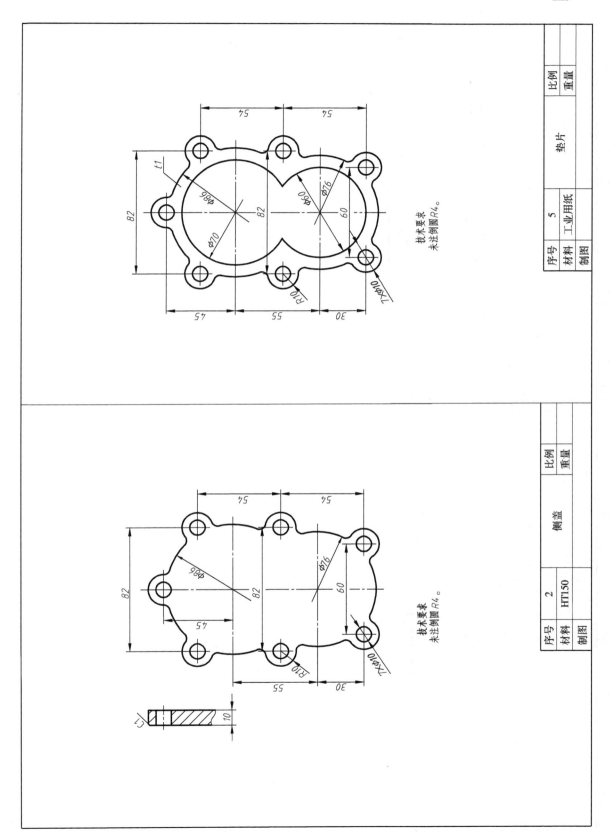

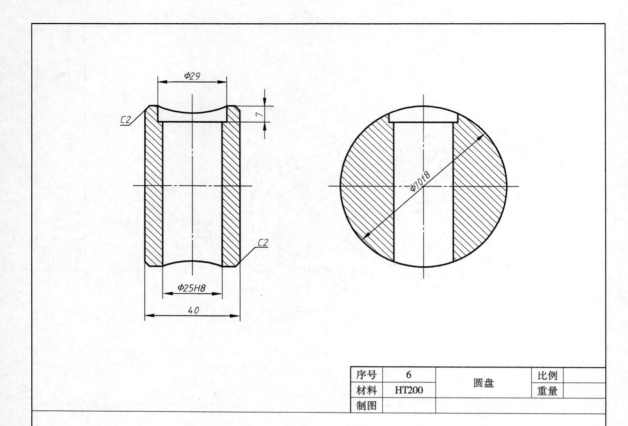

序号	6	圆盘	比例	
材料	HT200		重量	
制图				

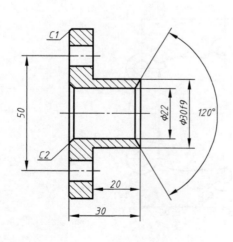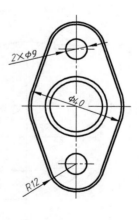

序号	9	填料压盖	比例	
材料	HT150		重量	
制图				

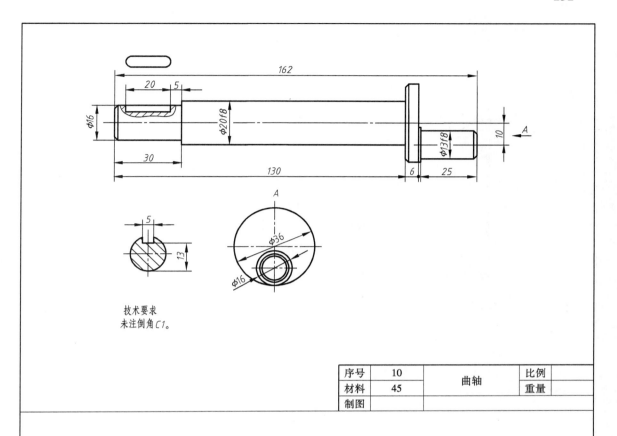

技术要求
未注倒角 C1。

序号	10	曲轴	比例	
材料	45		重量	
制图				

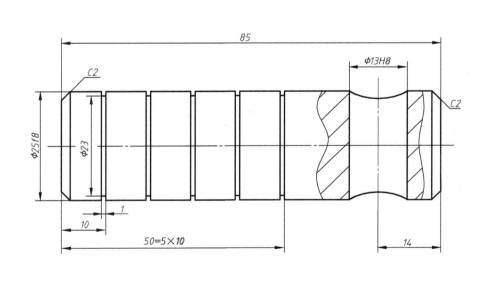

序号	11	柱塞	比例	
材料	45		重量	
制图				

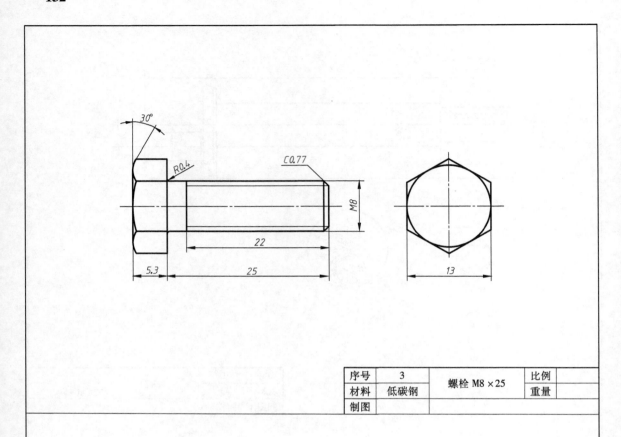

序号	3	螺栓 M8×25	比例	
材料	低碳钢		重量	
制图				

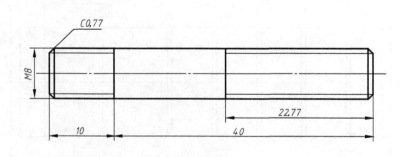

序号	12	螺柱 M8×40	比例	
材料	低碳钢		重量	
制图				

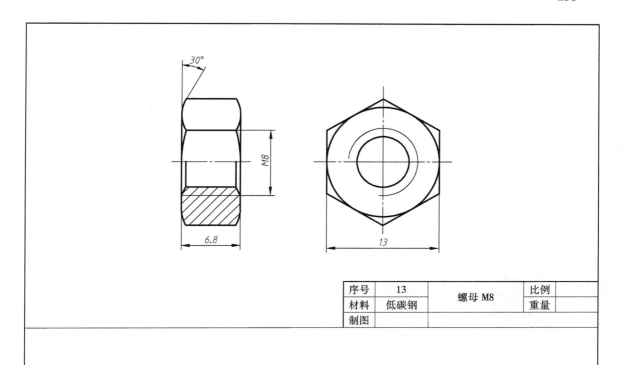

序号	13	螺母 M8	比例	
材料	低碳钢		重量	
制图				

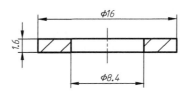

序号	4	垫圈 8	比例	
材料	低碳钢		重量	
制图				

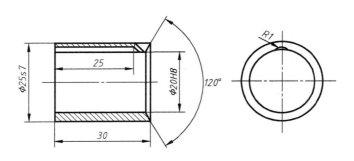

序号	7	衬套	比例	
材料	ZQSn6-6-3		重量	
制图				

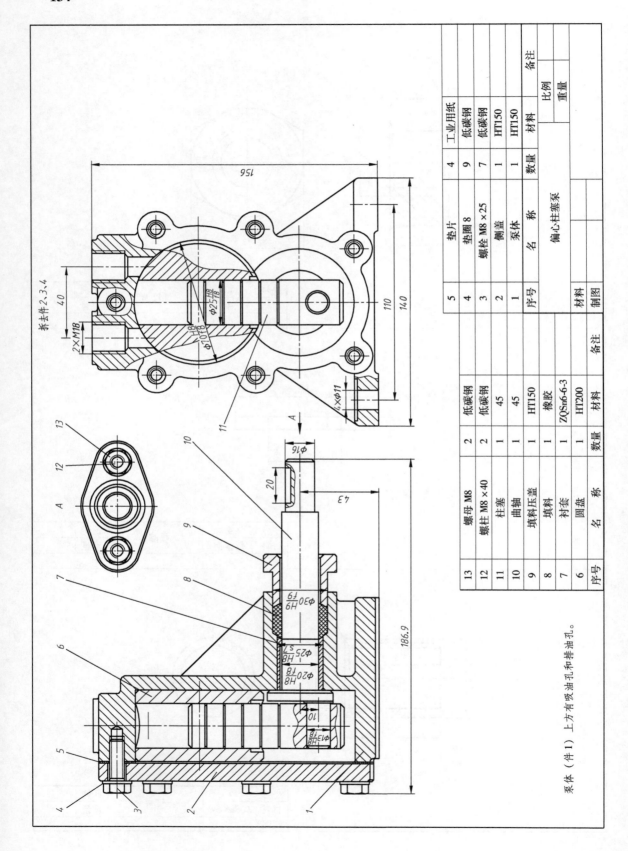

序号	名　称	数量	材料	备注
5	垫片	4	工业用纸	
4	垫圈 8	9	低碳钢	
3	螺栓 M8 × 25	7	低碳钢	
2	侧盖	1	HT150	
1	泵体	1	HT150	
序号	名　称	数量	材料	备注

偏心柱塞泵

13	螺母 M8	2	低碳钢	
12	螺柱 M8 × 40	2	低碳钢	
11	柱塞	1	45	
10	曲轴	1	45	
9	填料压盖	1	HT150	
8	填料	1	橡胶	
7	衬套	1	ZQSn6-6-3	
6	圆盘	1	HT200	
序号	名　称	数量	材料	备注

材料 制图 比例 重量

泵体（件 1） 上方有吸油孔和排油孔。

3.8 法兰夹具

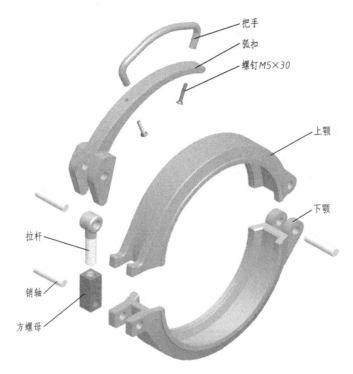

把手

弧扣

螺钉M5×30

上颚

下颚

拉杆

销轴

方螺母

本专项训练摘自全国 CAD 等级考证（三维数字建模师）考题。

法兰夹具是用于快速连接带梯形凸缘的法兰的一种装置，夹具沿着径向离开法兰凸缘，两法兰就可以沿轴向分离。

【训练要求】

1）熟悉法兰夹具工作原理和装置结构特点。

2）根据图样完成法兰夹具的非标件零件建模。

3）根据国家标准号完成法兰夹具的标准件建模。

4）根据装配图完成法兰夹具的装配，并进行装配管理。

5）根据实际拆装顺序，完成组件爆炸图。

6）完成零件与装配的高级出图。

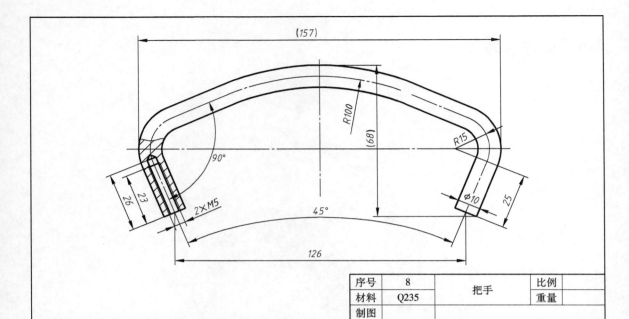

序号	8	把手	比例	
材料	Q235		重量	
制图				

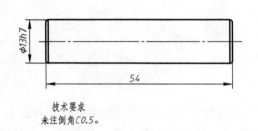

技术要求
未注倒角C0.5。

序号	3	销轴	比例	
材料	45		重量	
制图				

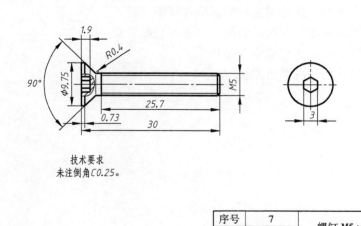

技术要求
未注倒角C0.25。

序号	7	螺钉 M5×30	比例	
材料	Q235		重量	
制图				

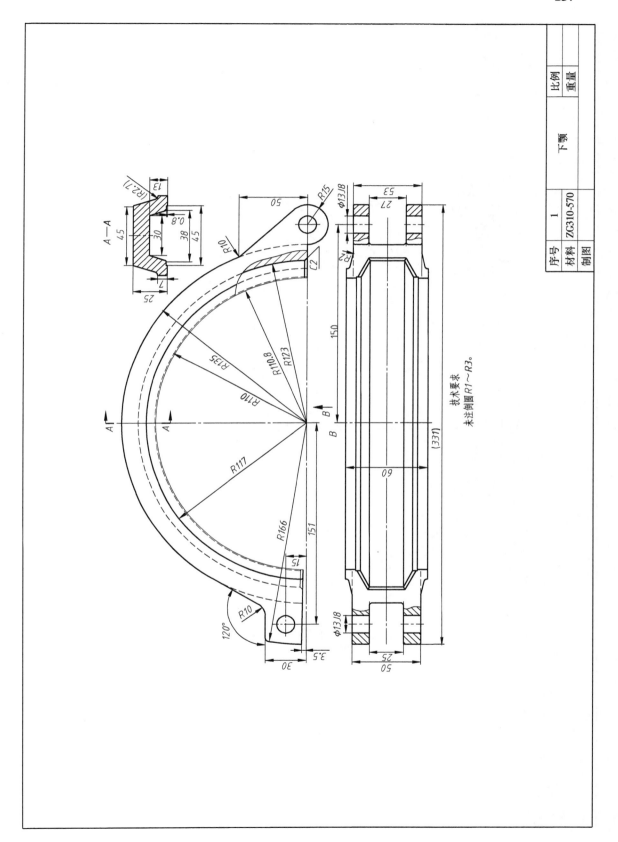

技术要求
未注倒圆R1~R3。

序号		1	比例	
材料	ZG310-570	下颚	重量	
制图				

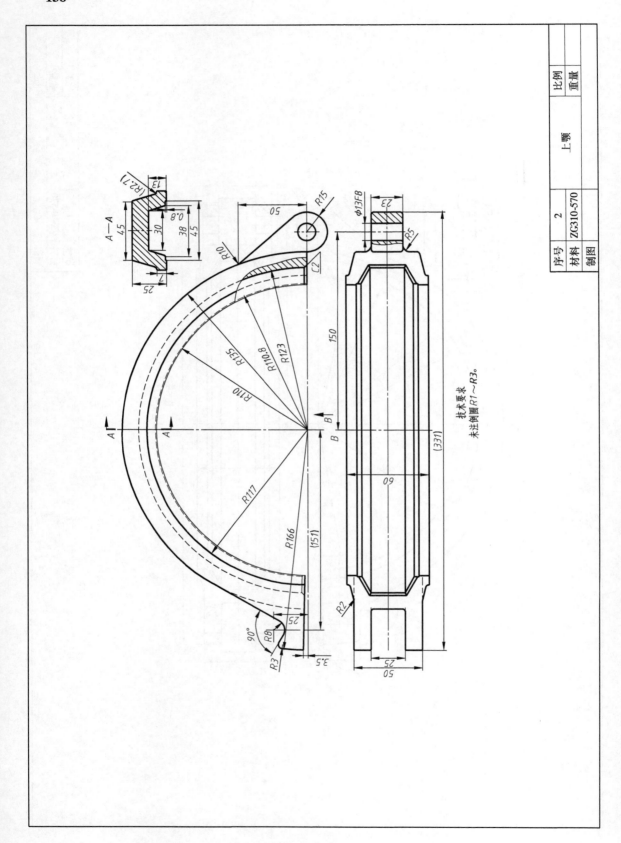

技术要求

未注铸圆 R1~R3。

序号	2	比例	
材料	ZG310-570	重量	
制图			上颚

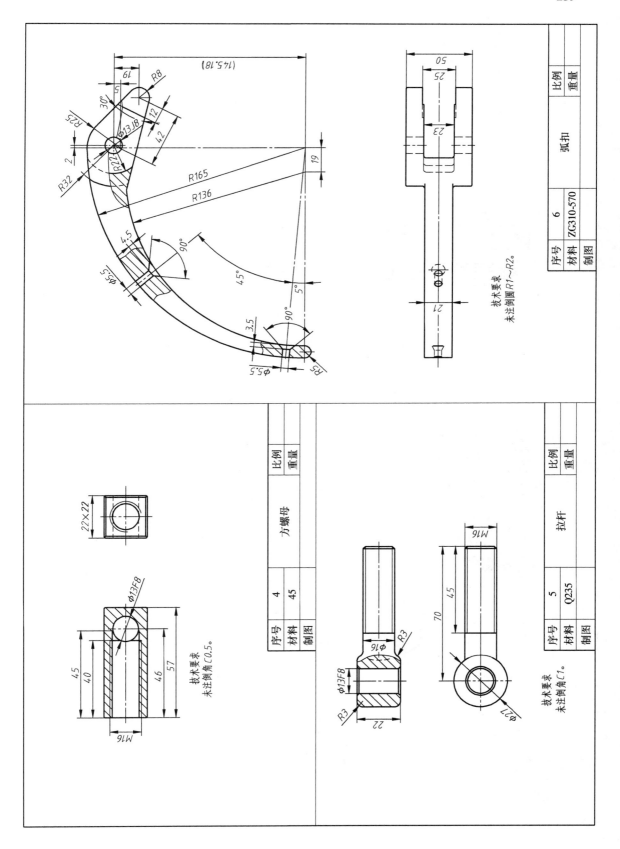

技术要求
未注圆圆R1~R2。

序号	6	比例	
材料	ZG310-570	重量	
制图		弧扣	

技术要求
未注倒角C0.5。

序号	4	比例	
材料	45	重量	
制图		方螺母	

技术要求
未注倒角C1。

序号	5	比例	
材料	Q235	重量	
制图		拉杆	

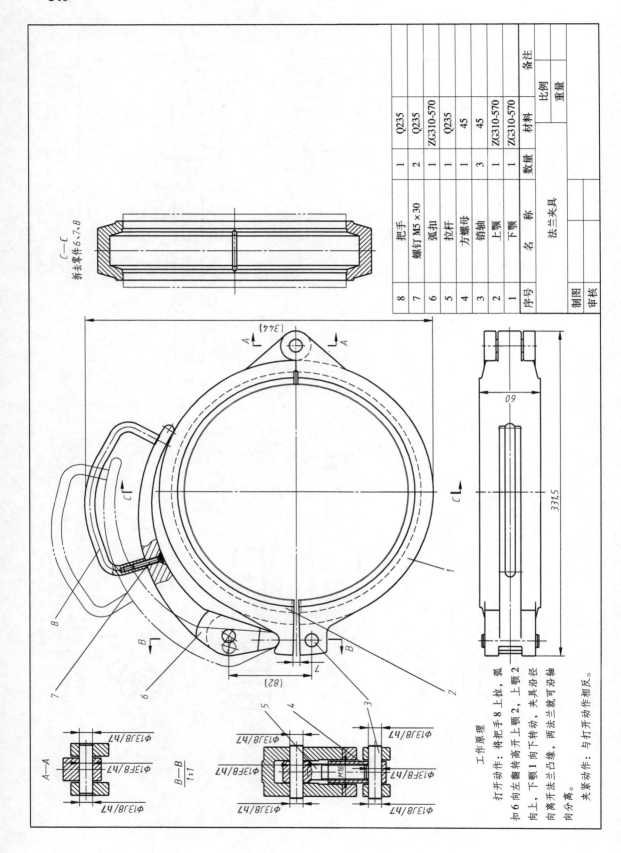

序号	名 称	数量	材料	备注
8	把手	1	Q235	
7	螺钉 M5×30	2	Q235	
6	弧扣	1	ZG310-570	
5	拉杆	1	Q235	
4	方螺母	1	45	
3	销轴	3	45	
2	上颚	1	ZG310-570	
1	下颚	1	ZG310-570	

法兰夹具

比例
重量
制图
审核

C—C
拆去零件6、7、8

工作原理：

打开动作：揿把手 8 上拉，弧扣 6 向左偏转离开上颚 2，上颚 2 向上，下颚 1 向下转动，夹具沿径向离开法兰凸缘，两法兰就可沿轴向分离。

夹紧动作：与打开动作相反。

3.9 三元子泵

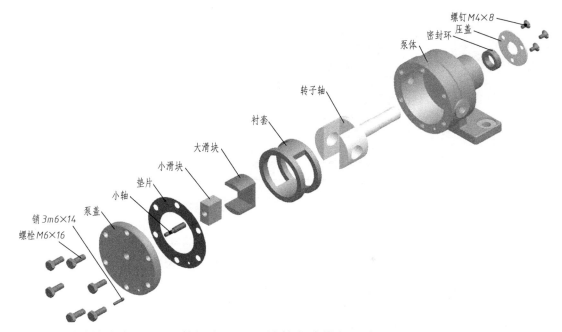

本专项训练摘自全国 CAD 等级考证（三维数字建模师）考题。

三元子泵通过转子的旋转、小轴的偏心使小滑块和大滑块的侧隙体积发生变化，从而使液体从进油孔吸入向出油孔挤出。

【训练要求】

1）熟悉三元子泵工作原理和装置结构特点。

2）根据图样完成三元子泵的非标件零件建模。

3）根据国家标准号完成三元子泵的标准件建模。

4）根据装配图完成三元子泵的装配，并进行装配管理。

5）根据实际拆装顺序，完成组件爆炸图。

6）完成零件与装配的高级出图。

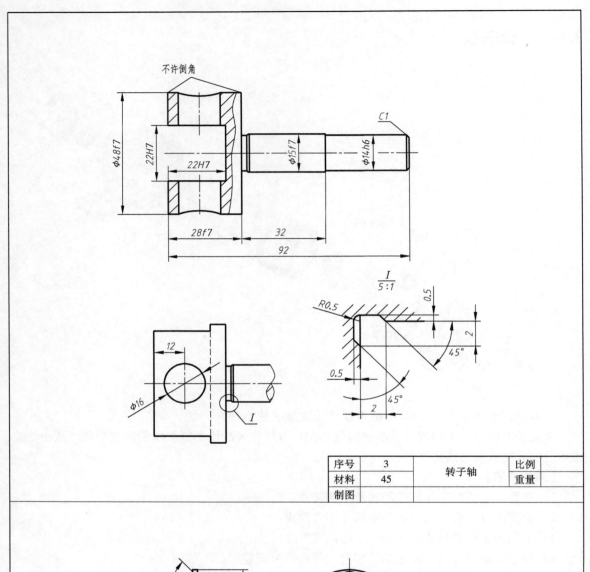

不许倒角

序号	3	转子轴	比例	
材料	45		重量	
制图				

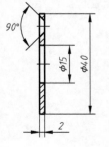

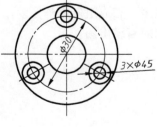

序号	5	压盖	比例	
材料	Q235		重量	
制图				

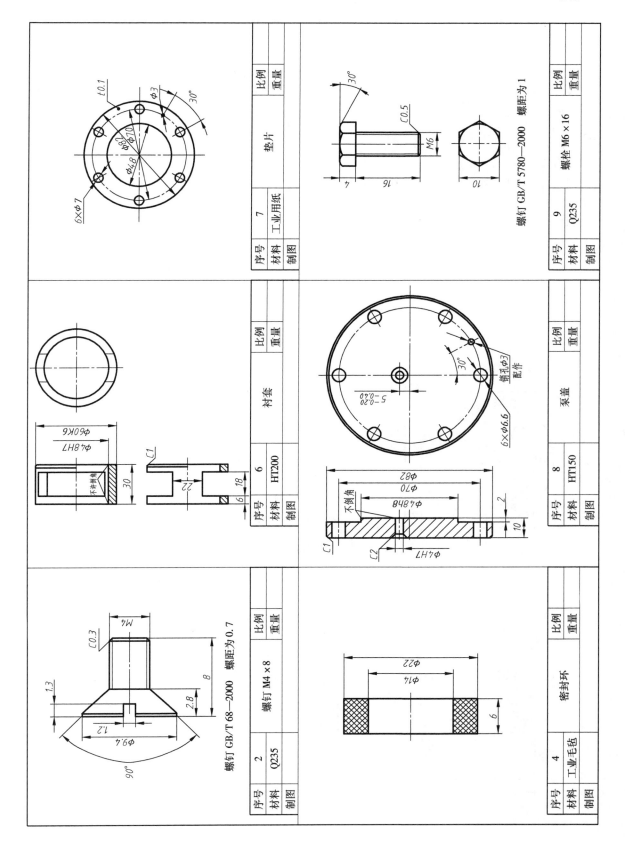

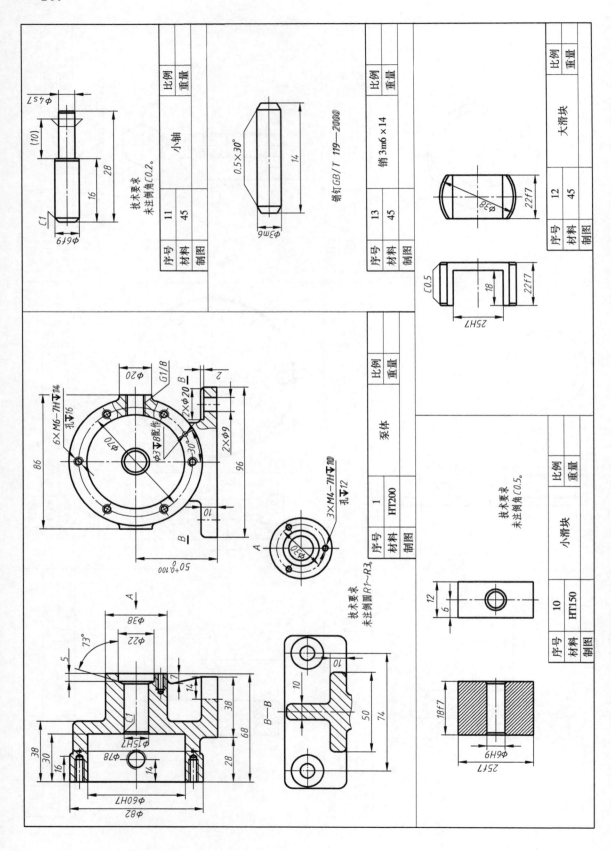

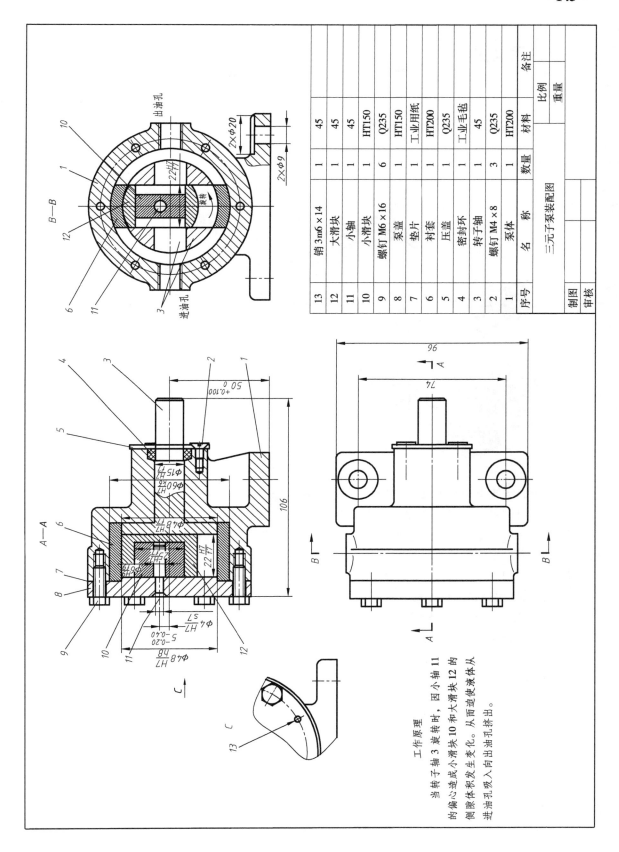

序号	名 称	数量	材料	备注
13	销 3m6×14	1	45	
12	大滑块	1	45	
11	小轴	1	HT150	
10	螺钉 M6×16	6	Q235	
9	泵盖	1	HT150	
8	垫片	1	工业用纸	
7	衬套	1	HT200	
6	压盖	1	Q235	
5	密封环	1	工业毛毡	
4	转子轴	1	45	
3	螺钉 M4×8	3	Q235	
2	泵体	1	HT200	
			比例	
			重量	

三元子泵装配图

制图
审核

工作原理

当转子轴 3 旋转时，因小轴 11 的偏心造成小滑块 10 和大滑块 12 的侧隙体积发生变化。从而迫使液体从进油孔吸入向出油孔挤出。

3.10 机用虎钳

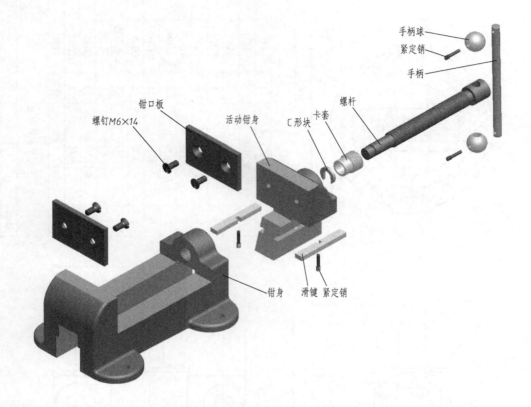

本专项训练摘自全国 CAD 等级考证（三维数字建模师）考题。

使用机用虎钳时，将工件放在两钳口板之间，通过旋转手柄带动螺杆旋转并向左推动活动钳身将工件夹紧；逆时针旋转手柄带动螺杆旋转向右移动，螺杆带动 U 形块和卡套拉动活动钳身即可实现将工件松开。

【训练要求】

1）熟悉机用虎钳工作原理和装置结构特点。

2）根据图样完成机用虎钳的非标件零件建模。

3）根据国家标准号完成机用虎钳的标准件建模。

4）根据装配图完成机用虎钳的装配，并进行装配管理。

5）根据实际拆装顺序，完成组件爆炸图。

6）完成零件与装配的高级出图。

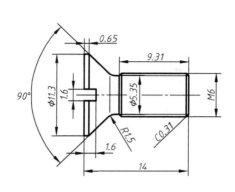

序号	4	螺钉 M6×14	比例	
材料	Q235C		重量	
件数	4			

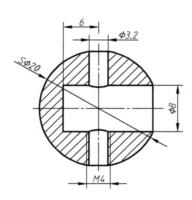

序号	9	手柄球	比例	
材料	30		重量	
件数	2			

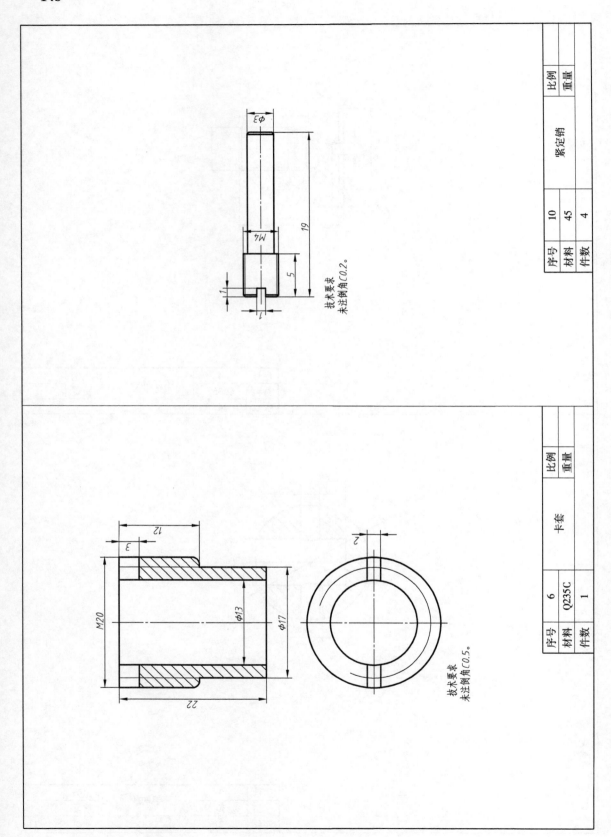

技术要求
未注倒角C0.2。

序号	10	紧定销	比例	
材料	45		重量	
件数	4			

技术要求
未注倒角C0.5。

序号	6	卡套	比例	
材料	Q235C		重量	
件数	1			

· 149 ·

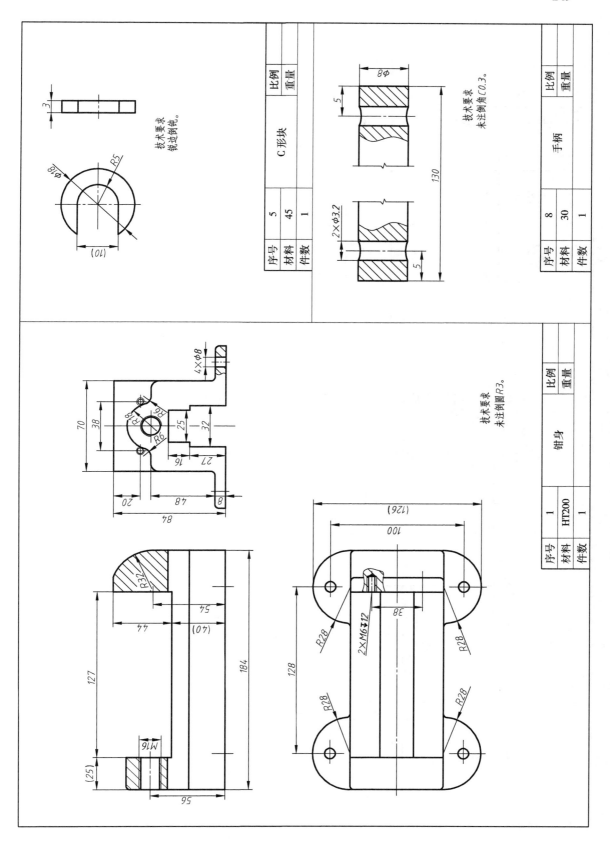

序号	5	比例	
材料	45	重量	
件数	1		

C 形块

技术要求
锐边倒钝。

技术要求
未注倒角C0.3。

序号	8	比例	
材料	30	重量	
件数	1		

手柄

技术要求
未注倒圆R3。

序号	1	比例	
材料	HT200	重量	
件数	1		

钳身

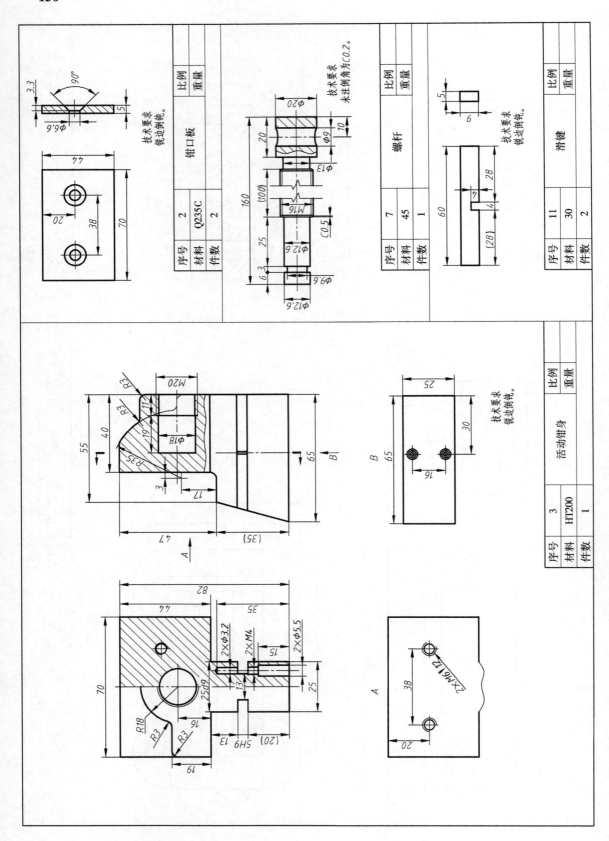

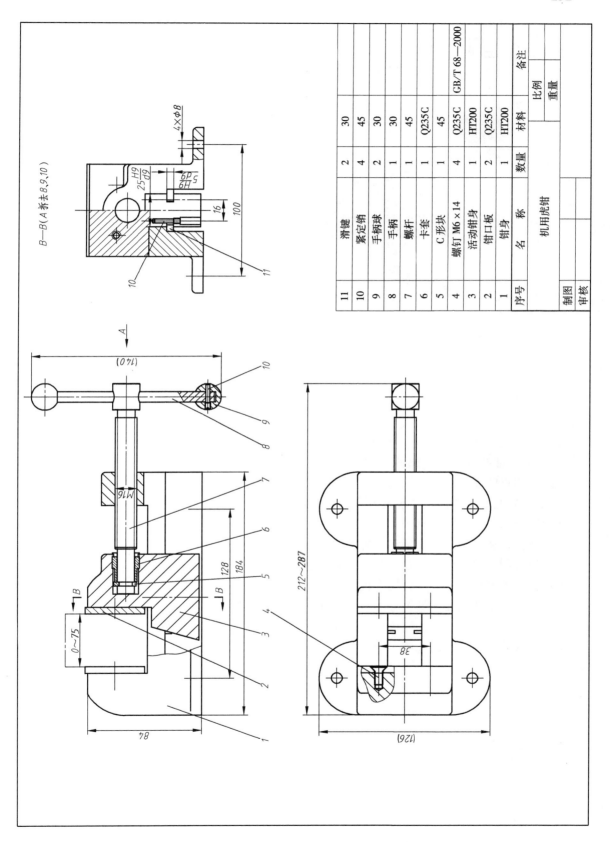

序号	名 称	数量	材料	备注
11	滑键	2	30	
10	紧定销	4	45	
9	手柄球	2	30	
8	手柄	1	30	
7	螺杆	1	45	
6	卡套	1	Q235C	
5	C形块	1	45	
4	螺钉 M6×14	4	Q235C	GB/T 68—2000
3	活动钳身	1	HT200	
2	钳口板	2	Q235C	
1	钳身	1	HT200	

机用虎钳

| 制图 | | | | 比例 | |
| 审核 | | | | 重量 | |

3.11 台钻主轴

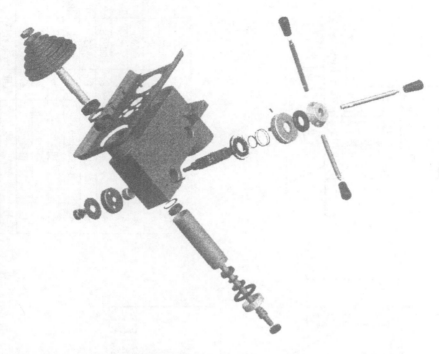

　　台式钻床是一种体积小巧，操作简便，通常安装在专用工作台上使用的小型孔加工机床。台钻主要由主轴部分、手柄部分组成，工作时由带轮输入动力，带动主轴旋转，手柄控制进给。进给运动时转动手柄，手柄通过手柄座传力到手柄齿轮轴，轴上齿轮和主轴齿条轴套啮合带动主轴部分上下移动，主轴最大进给距离为110mm，通过刻度盘可观察进给量。

【训练要求】

1）熟悉台钻主轴工作原理和装置结构特点。

2）根据图样完成台钻主轴的非标件零件建模。

3）根据国家标准号完成台钻主轴的标准件建模。

4）根据装配图完成台钻主轴的装配，并进行装配管理。

5）根据实际拆装顺序，完成组件爆炸图。

6）完成零件与装配的高级出图。

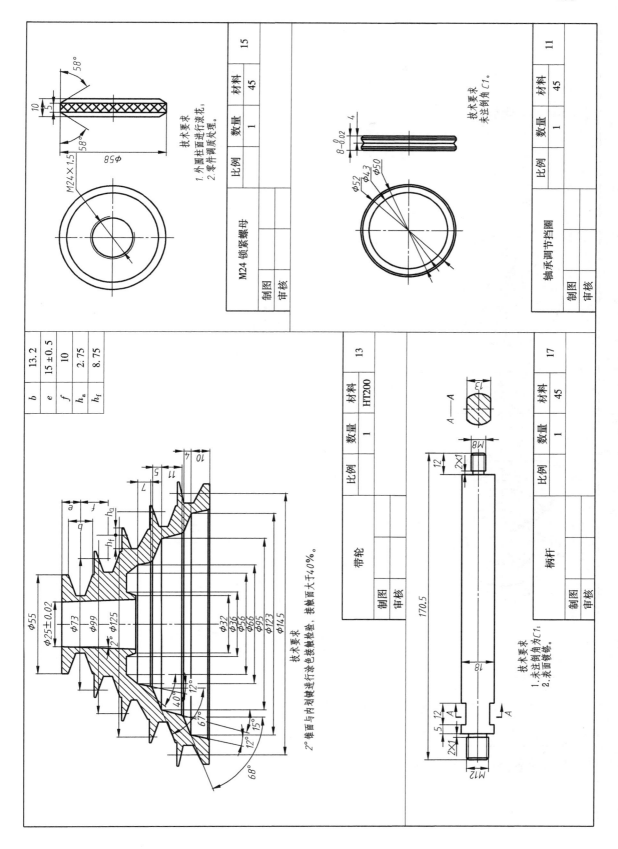

M24 锁紧螺母

技术要求
1. 外圆柱面进行滚花。
2. 零件调质处理。

M24×1.5
58°
58°
φ58
10
5

比例		数量	材料	15
		1	45	
制图				
审核				

轴承调节挡圈

技术要求
未注倒角 C1。

φ43
φ50
φ52
8⁻⁰.₀₂
4

比例		数量	材料	11
		1	45	
制图				
审核				

带轮

b	13.2
e	15±0.5
f	10
h_a	2.75
h_f	8.75

φ55
φ25±0.02
φ73
φ99
φ125
2°
12°
40°
67°
12°
15°
68°
φ32
φ36
φ56
φ66
φ95
φ123
φ145
10
5
11
7
e
f
h_a
h_f

技术要求
2° 锥面与内划键进行涂色接触检验，接触面大于40%。

比例		数量	材料	13
		1	HT200	
制图				
审核				

柄杆

170.5
18
12
12
5
M8
2×1
M12
2×1
A
A
A—A
φ13

技术要求
1. 未注倒角为 C1。
2. 表面镀铬。

比例		数量	材料	17
		1	45	
制图				
审核				

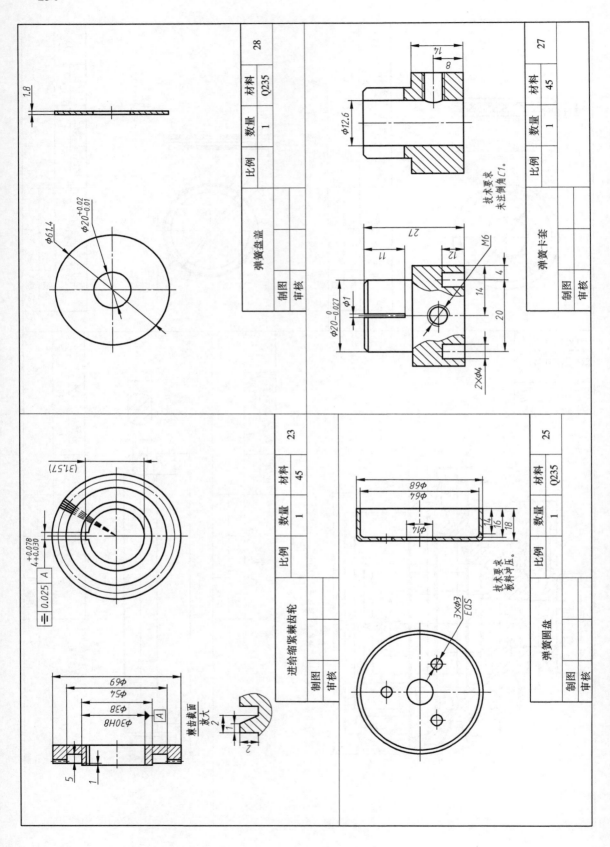

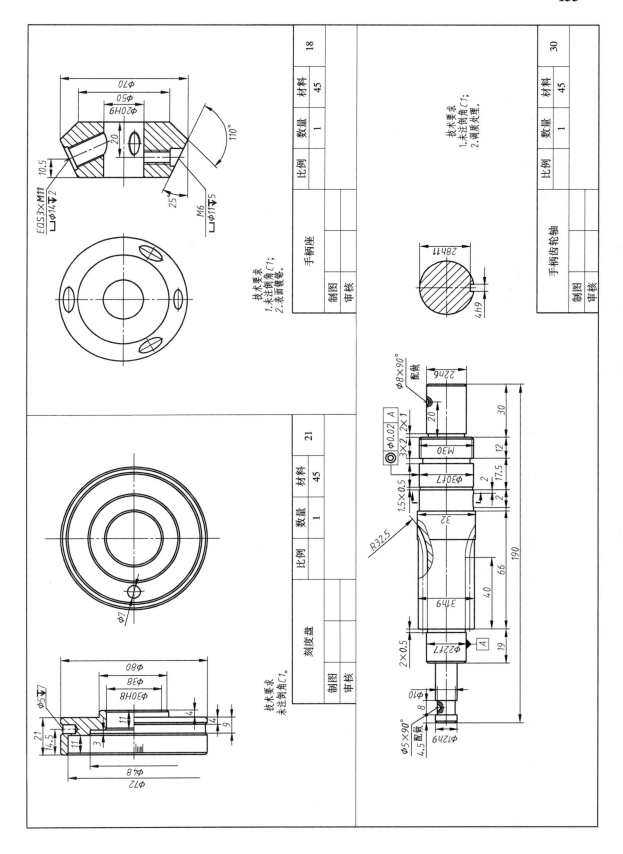

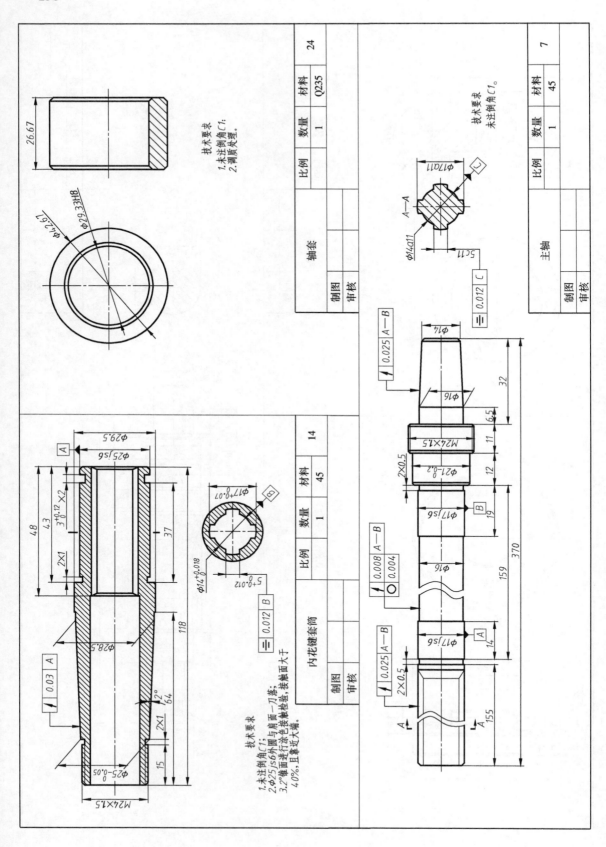

· 156 ·

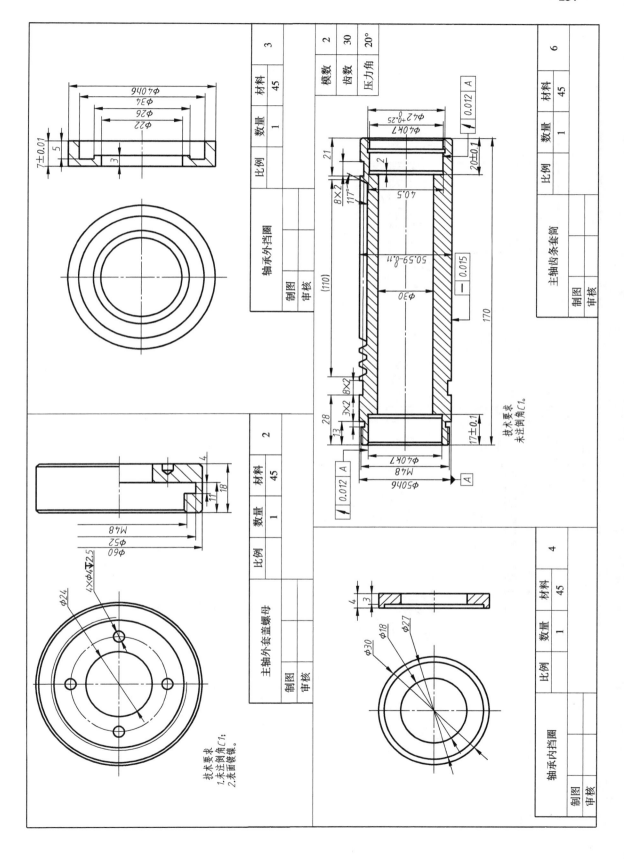

轴承外挡圈

数量	材料	3
1	45	
比例		

制图
审核

主轴齿条套筒

模数	2
齿数	30
压力角	20°

数量	材料	6
1	45	
比例		

制图
审核

技术要求
未注倒角C1。

主轴外套盖螺母

数量	材料	2
1	45	
比例		

制图
审核

技术要求
1.未注倒角C1;
2.表面镀镍。

轴承内挡圈

数量	材料	4
1	45	
比例		

制图
审核

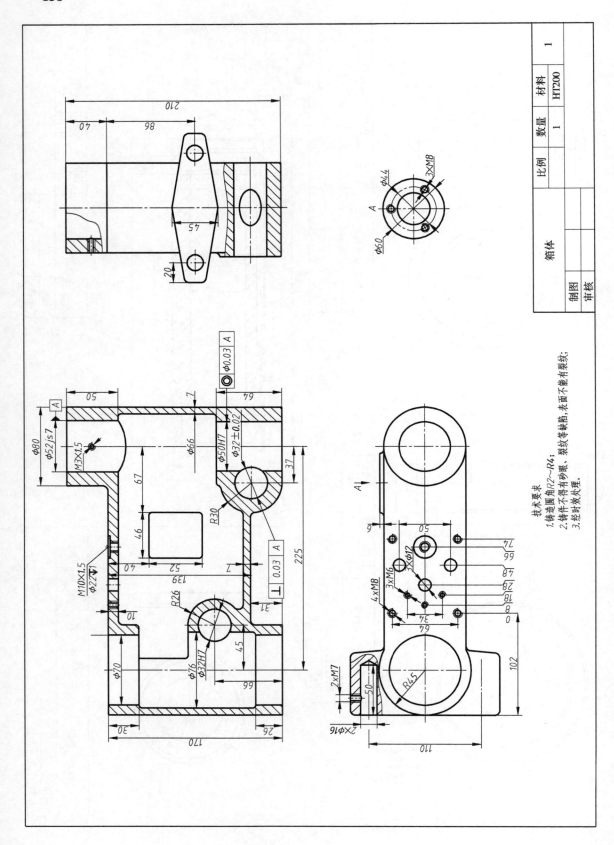

技术要求
1.铸造圆角R2~R4;
2.铸件不得有砂眼、裂纹等缺陷,表面不能有裂纹;
3.经时效处理。

箱体

比例	数量	材料	
	1	HT200	1

制图
审核

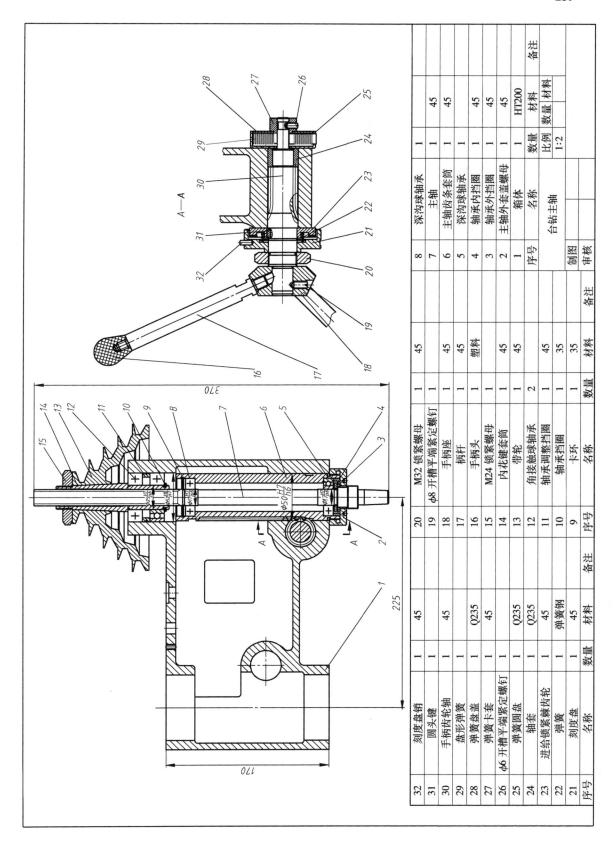

台钻主轴

8	深沟球轴承	1		45	
7	主轴	1		45	
6	主轴齿条套筒	1		45	
5	深沟球轴承	1		45	
4	轴承内挡圈	1		45	
3	轴承外挡圈	1		45	
2	主轴外套盖螺母	1		HT200	
1	箱体	1			
序号	名称	数量		材料	备注

比例 1:2

制图		
审核		

20	M32 锁紧螺母	1	45	
19	φ8 开槽平端紧定螺钉	1		
18	手柄座	1	45	
17	柄杆	1	45	
16	手柄头	1	塑料	
15	M24 锁紧螺母	1		
14	内花键套筒	1	45	
13	带轮	1	45	
12	角接触球轴承	2		
11	轴承调整挡圈	1	45	
10	轴承挡圈	1	35	
9	卡环	1	35	
序号	名称	数量	材料	备注

32	刻度盘销	1	45	
31	圆头键	1		
30	手柄齿轮轴	1	45	
29	盘形弹簧	1		
28	弹簧盘盖	1	Q235	
27	弹簧卡套	1	45	
26	φ6 开槽平端紧定螺钉	1		
25	弹簧圆盘	1	Q235	
24	轴套	1	Q235	
23	进给锁紧棘齿轮	1	45	
22	弹簧	1	弹簧钢	
21	刻度盘	1	45	
序号	名称	数量	材料	备注

3.12　真空泵

　　真空泵由带轮输入动力带动曲轴旋转，使连杆驱动活塞作往复来回运动进行抽压，压力从活塞缸和活塞缸盖的空洞吸入、排出。

【训练要求】

　　1）熟悉真空泵工作原理和装置结构特点。

　　2）根据图样完成真空泵的非标件零件建模。

　　3）根据国家标准号完成真空泵的标准件建模。

　　4）根据装配图完成真空泵的装配，并进行装配管理。

　　5）根据实际拆装顺序，完成组件爆炸图。

　　6）完成零件与装配的高级出图。

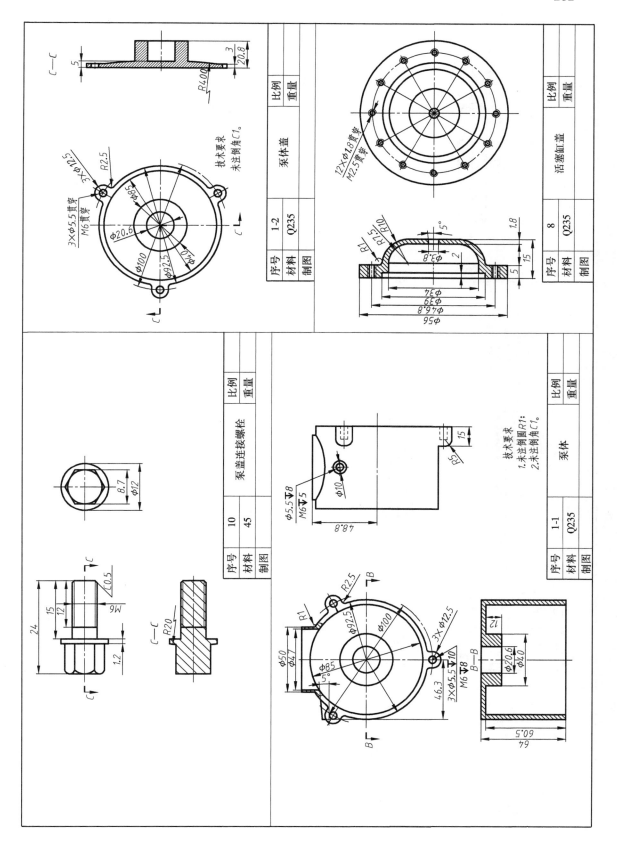

C—C

技术要求
未注倒角C1。

泵体盖		比例	
	1-2	重量	
序号	材料	Q235	
	制图		

3×Φ5.5贯穿
3×Φ12.5
R2.5
Φ85
Φ100
Φ92.5
Φ40
Φ20.6
M6贯穿

12×Φ1.8贯穿
M2.5贯穿

活塞缸盖		比例	
	8	重量	
序号	材料	Q235	
	制图		

R1
R7.5 R10
5°
3.8
2
1.8
15
5
Φ34
Φ39
Φ46.8
Φ56

8.7
Φ12

泵盖连接螺栓		比例	
	10	重量	45
序号	材料		
	制图		

C0.5
M6
15
12
24
1.2
R20
C—C

Φ5.5▽8
M6▽5
Φ10
R5
15
48.8

技术要求
1.未注倒圆角R1；
2.未注倒角C1。

泵体		比例	
	1-1	重量	
序号	材料	Q235	
	制图		

R2.5
R1
B
Φ92.5
Φ100
Φ50
Φ47
Φ85
3×Φ12.5
3×Φ5.5▽10
M6▽8
5°
46.3
B—B
Φ20.6
Φ40
12
60.5
64

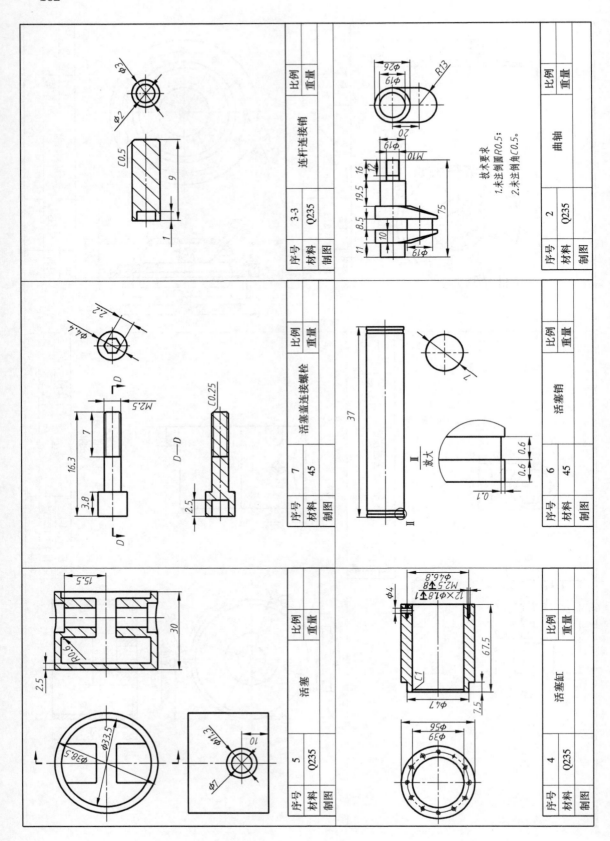

序号	3-3		比例	
材料	Q235		重量	
制图				

连杆连接销

序号	2		比例	
材料	Q235		重量	
制图				

曲轴

技术要求
1.未注倒圆R0.5;
2.未注倒角C0.5。

序号	7		比例	
材料	45		重量	
制图				

活塞盖连接螺栓

序号	6		比例	
材料	45		重量	
制图				

活塞销

序号	5		比例	
材料	Q235		重量	
制图				

活塞

序号	4		比例	
材料	Q235		重量	
制图				

活塞缸

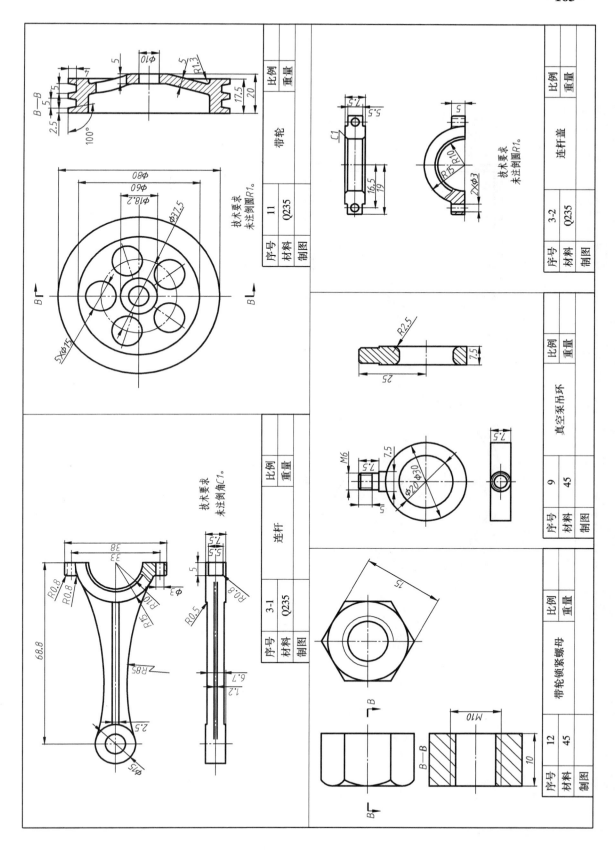

带轮

序号	11	比例	
材料	Q235	重量	
制图			

技术要求
未注倒圆R1。

连杆盖

序号	3-2	比例	
材料	Q235	重量	
制图			

技术要求
未注倒圆R1。

连杆

序号	3-1	比例	
材料	Q235	重量	
制图			

技术要求
未注倒角C1。

真空泵吊环

序号	9	比例	
材料	45	重量	
制图			

带轮锁紧螺母

序号	12	比例	
材料	45	重量	
制图			

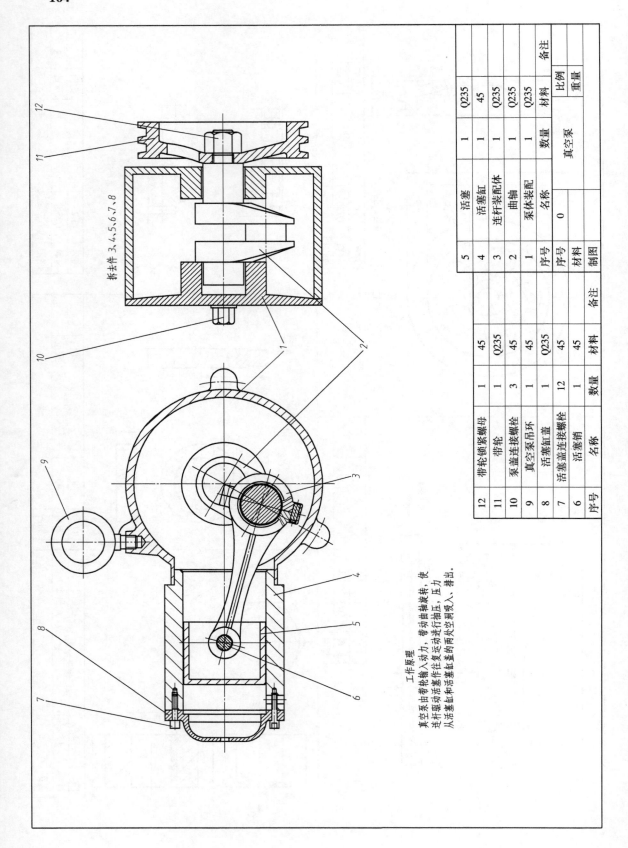

拆去件 3、4、5、6、7、8

工作原理

真空泵由带轮输入动力，带动曲轴旋转，使连杆驱动活塞作往复运动进行油压，压力从活塞缸和活塞缸盖的两处空调吸入、排出。

序号	名称	数量	材料	备注
5	活塞	1	Q235	
4	活塞缸	1	45	
3	连杆装配体	1	Q235	
2	曲轴	1	Q235	
1	泵体装配	1	Q235	
序号	名称	数量	材料	备注
0				
		真空泵		
制图	材料		比例	
			重量	

序号	名称	数量	材料	备注
12	带轮锁紧螺母	1	45	
11	带轮	1	Q235	
10	泵盖连接螺栓	3	45	
9	真空泵吊环	1	45	
8	活塞缸盖	1	Q235	
7	活塞盖连接螺栓	12	45	
6	活塞销	1	45	
序号	名称	数量	材料	备注

参 考 文 献

[1] 冯秋官. 机械制图与计算机绘图习题集 [M]. 4 版. 北京：机械工业出版社，2011.

[2] 袁锋. 计算机辅助设计与制造实训图库 [M]. 北京：机械工业出版社，2013.

[3] 何煜琛，习宗德. 三维 CAD 习题集 [M]. 北京：清华大学出版社，2010.

[4] 张景耀. 机械制图习题册 [M]. 北京：人民邮电出版社，2007.

[5] 钱可强. 机械制图习题集 [M]. 北京：高等教育出版社，2005.

[6] 蔡东根. Pro/ENGINEER2001 应用培训教程 [M]. 北京：人民邮电出版社，2004.

[7] 王其昌，翁民玲. 机械制图 [M]. 北京：机械工业出版社，2009.

[8] 全国 CAD 技能等级培训工作指导委员会. CAD 技能等级考评大纲 [M]. 北京：中国标准出版社，2008.